青少年创意编程与电子制作系列

micro:bit 硬件编程快速入门与综合实战

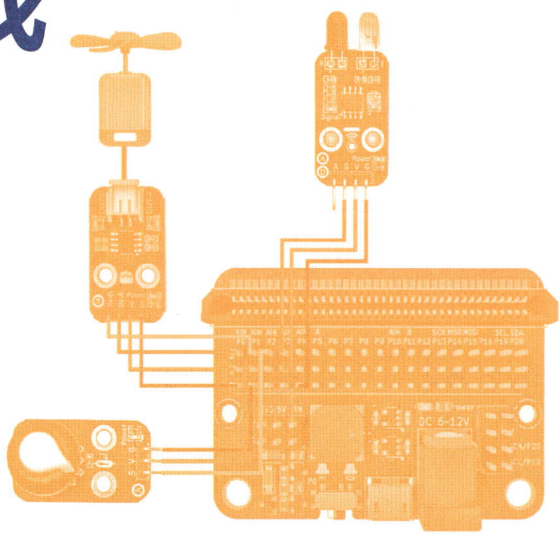

孙雪娇
曹景胜 编著
史文君

化学工业出版社
·北京·

内容简介

本书是一本专为青少年编程学习打造的实践型教程，以开源硬件 micro:bit 为核心，采用项目化学习的教学方法，循序渐进地引导读者从零基础入门到综合应用。

全书在介绍电子电路基础知识和 Mind+ 图形化编程环境的基础上，详细解析 micro:bit 的板载硬件资源，包括 LED 点阵显示屏、物理按键、加速度传感器、温度传感器等，以及各类外接扩展模块的使用方法，如蜂鸣器、电位器、超声波传感器、电机驱动器和四位数码管等。通过智能节能风扇和智能倒车雷达等综合实战案例，帮助读者掌握硬件编程的核心技能，培养解决实际问题的创新能力。

本书内容生动有趣，案例丰富实用，既适合中小学生自主学习和课外拓展使用，也可作为学校或培训机构科技课程的教材。

图书在版编目（CIP）数据

micro:bit硬件编程快速入门与综合实战 / 孙雪娇，曹景胜，史文君编著. -- 北京 ：化学工业出版社，2025. 10. --（青少年创意编程与电子制作系列）.
ISBN 978-7-122-48669-1

Ⅰ. TP323

中国国家版本馆CIP数据核字第2025BY8327号

责任编辑：于成成
文字编辑：李亚楠　温潇潇
责任校对：田睿涵
装帧设计：王晓宇

出版发行：化学工业出版社
（北京市东城区青年湖南街 13 号　邮政编码 100011）
印　　装：河北尚唐印刷包装有限公司
787mm×1092mm　1/16　印张 11　字数 191 千字
2025 年 10 月北京第 1 版第 1 次印刷

购书咨询：010-64518888　　售后服务：010-64518899
网　　址：http://www.cip.com.cn
凡购买本书，如有缺损质量问题，本社销售中心负责调换。

定　　价：68.00元

前言 PREFACE

在当前全国中小学探索“项目化学习”的时代背景下，micro:bit 作为一款开源电子原型平台，可通过编程实现丰富多样的交互设计，帮助青少年提升技术意识、培养创新思维和锻炼动手能力，是中小学开展“项目化学习”的优秀载体。

本书基于 micro:bit 开源硬件和 Mind+ 图形化编程软件，详细讲解电子电路基础、板载硬件和外围硬件的理论与应用、电路搭建与硬件连接、图形化编程、单元项目练习、综合项目实战等内容，遵循以项目为导向、在实践中学习的原则，帮助青少年快速入门 micro:bit 硬件编程。

全书共 22 章，分为 4 篇。

① 第 1 ~ 3 章，为快速入门部分，主要讲述电学常识和基本电子电路知识、micro:bit 基础知识、Mind+ 图形化编程方法。

② 第 4 ~ 12 章，为基础学习部分，主要讲述 micro:bit 板载硬件资源的理论和使用方法，基于项目式学习（Project Based Learning，PBL）通过 Mind+ 图形化编程实现 micro:bit 板载硬件（LED 点阵屏、按键、内置温度传感器、加速度

计、电子罗盘等）的功能并运行。

③ 第 13 ~ 20 章，为进阶提高部分，主要讲述常用传感器模块（红外避障传感器、超声波测距模块）、常用执行器模块（蜂鸣器电子积木、电位器电子积木、电机驱动模块）、常用显示器模块（LED 灯电子积木、数码管显示模块）的工作原理和使用方法，通过硬件连接和 Mind+ 图形化编程实现 micro:bit 主控板控制常用传感器模块、执行器模块、显示器模块的运行。

④ 第 21 ~ 22 章，为综合实战部分，针对当前的科技趋势和需求热点，通过智能节能风扇、智能倒车雷达两个精心设计的智能硬件综合项目，深入探讨 micro:bit 在智能控制方面的应用，提高学习者分析和解决实际问题的能力。

本书具有以下特色：

① 书中使用了大量的 micro:bit 板载硬件、外接电子积木（模块）实物彩图，直观通俗，便于青少年快速入门。

② 本书提供每章的硬件单元项目以及综合实战项目图形化程序（源代码可前往化学工业出版社官网 https://www.cip.com.cn/Service/Download 下载），同时提供每个项目的演示视频，读者扫描二维码即可观看操作视频。

③ 针对当前的科技趋势和需求热点，本书设计了 2 个综合性 micro:bit 智能硬件项目，便于提升青少年读者的应用水平和创新能力。

本书由辽宁省锦州市国和小学孙雪娇，辽宁工业大学曹景胜、史文君编著。本书在编写过程中得到辽宁省锦州市实验学校张小鹏、辽宁工业大学徐肖、沈阳工业大学王伟的帮助，在此向他们表示感谢！

感谢化学工业出版社的大力支持，希望本书的出版发行，对中小学开展普惠式“项目化学习”有所助益。

开源硬件领域是不断发展的，加之作者水平有限，书中难免会有一些不足之处，恳请广大读者批评指正。

编著者

目录 CONTENTS

第三篇

micro:bit 进阶提高 …… 091

第一篇 micro:bit 快速入门

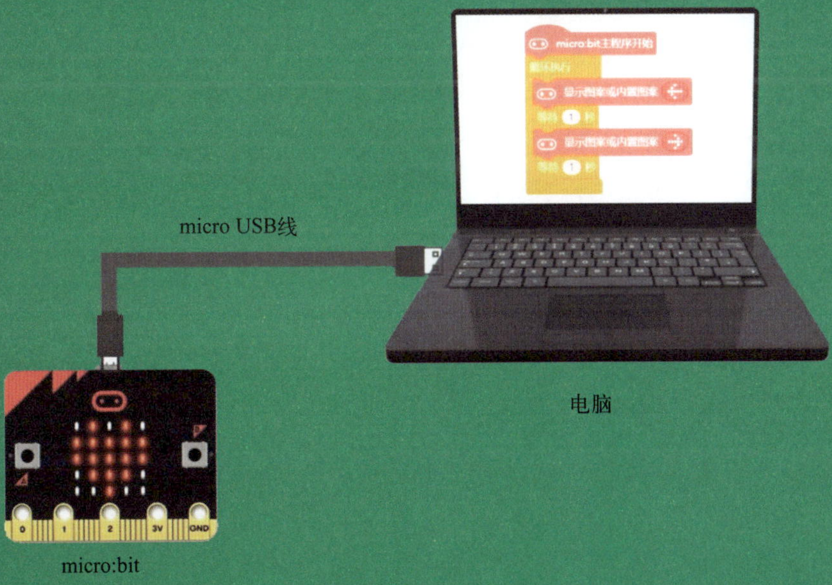

第 1 章 走进科技学堂

机器人技术是衡量一个国家科技创新的重要标志。大力推动机器人技术创新与行业发展，关键在于人才的培养。少年强，则中国强。通过机器人这一全新载体，不仅能让更多的青少年了解智能化技术的发展，掌握智能硬件与软件的基础技术，更能通过丰富的实践活动，让中小学生在创新中学习，在实践中成长。

本书以“走进科技学堂”为起点，介绍电子技术领域的基本概念、原理定律等科普和理论知识，为 micro:bit 硬件编程快速入门打下良好的基础。

1.1 电学发展

1748 年美国科学家本杰明•富兰克林发现了正、负电荷，且两者数量是守恒的。1752 年他进行了一项著名的实验（图 1-1）：在雷雨天气中放风筝，由此发明了避雷针。

图 1-1　富兰克林风筝实验

1831 年 10 月 17 日，英国物理学家迈克尔 • 法拉第（图 1-2）首次发现电磁感应现象，1831 年 10 月 28 日法拉第发明了圆盘发电机，这是人类创造出的第一台发电机。由于法拉第在电磁学方面作出了伟大贡献，他被称为“电学之父”。

图 1-2　迈克尔 • 法拉第

美国科学家托马斯 • 阿尔瓦 • 爱迪生（图 1-3）是历史上著名的发明家，拥有超过 2000 项发明，其中的四项发明——留声机、电灯、电力系统和有声电影，丰富和改善了人类的文明生活。

图 1-3　托马斯·阿尔瓦·爱迪生

1.2 电路基本概念

由金属导线、电源以及电子元件组成的导电回路，称为电路。如图 1-4 所示，电路中必不可少的四个组成部分是电源、负载、导线和开关。

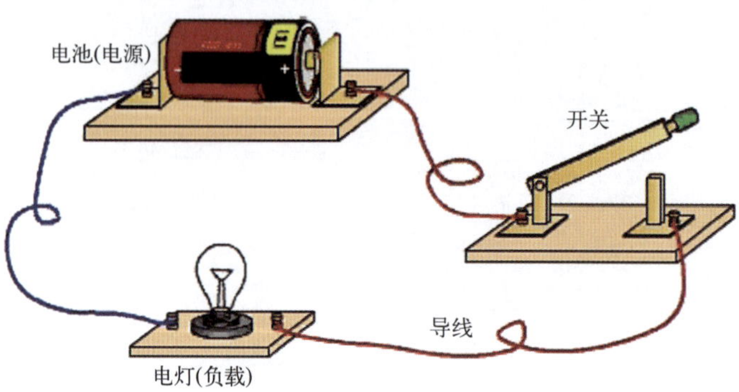

图 1-4　电路示意图

① 电源是提供电能的装置，常用的干电池、充电电池、发电机等都是电源。

② 负载是消耗电能的装置，比如电灯、电动机、家用电器等。

③ 导线一般也叫电线，它的作用是将电路各部分连接起来形成回路，导线一般使用铜线制作。

④ 开关的作用是控制电路接通或者断开，例如家里电灯的开关、电脑的开关、电风扇的开关等。

用符号表示电路中的各个部分，形成如图 1-5 所示的电路图。

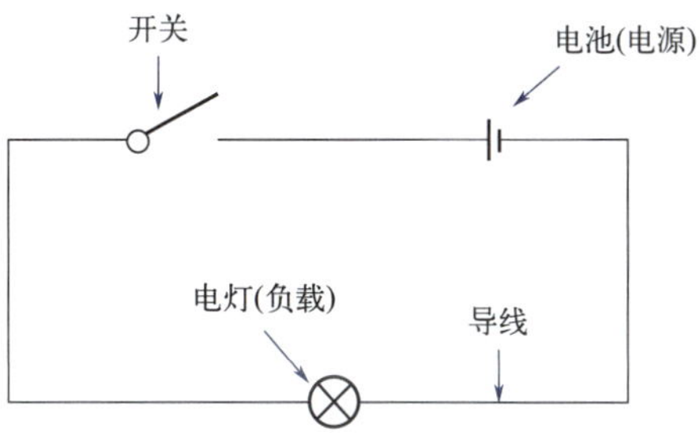

图 1-5 电路图

在电学中，容易导电的物体叫做导体，如金属、人体、铅笔芯、大地等。不容易导电的物体叫做绝缘体，如橡胶、陶瓷、塑料等。在图 1-5 所示的电路中，当开关按下，电池与电灯接通，此时电灯点亮；当开关断开，电池与电灯不接通，此时电灯熄灭。为什么会产生这样的现象呢？原因是电源两端产生电压，在导线上形成电流，有电流流过电灯就会点亮，电压是形成电流的原因。电压和电流是电路中重要的电学概念。

（1）电流

与水的定向流动形成水流相似，导体中的自由电子定向流动形成电流。电流的单位为安培（Ampere，简称 A）。在图 1-5 所示的电路图中，当开关闭合，电源产生电压，电流从电源的正极出发，流过电灯的灯丝，最后流回电源的负极，形成一个完整的电流通路时，电灯才能点亮发光。如图 1-6 所示。

在电路中，电流沿着“电源正极→用电器→电源负极”的方向流动，而在电源内部，电流沿着“电源负极→电源正极”的方向流动。

（2）电压

与水流的形成需要水压，抽水机工作使得水路中形成稳定水压保证水流得以持续的原理类似，电流的形成需要电压，电源的作用（与抽水机作用相似）是在电路中产生一个稳定的电压从而使得电流得以持续。电压单位为伏特（Volt，简称 V）。

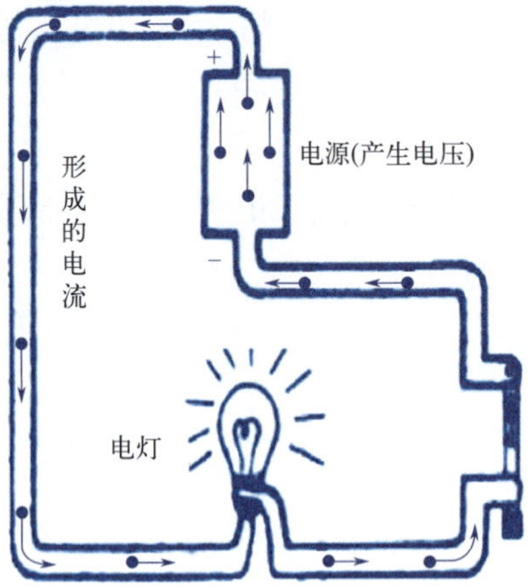

图 1-6　电流的形成

日常生活中常见的电压有：

① 一节干电池的电压为 1.5V；

② 电脑 USB 接口的输出电压为 5V；

③ 人类安全电压为 36V 以下；

④ 中国家用电压为 220V。

（3）接地端

接地端（Ground，简称 GND）代表地线，一般情况下，接地端位于电源（例如电池）负极。在电路图中，接地端常用符号⏚表示。

（4）信号

信号（Single）是反映信息的物理量，自然界中常见的信号有温度、压力、流量等物理量。在电路中，可以通过传感器将各种非电的物理量转换成容易传送和控制的电压、电流等电信号，所以电信号是目前应用最广泛的一种信号。在电路中一般将信号分为模拟信号与数字信号。

① 模拟（Analog）信号：在时间和数值上均具有连续性的信号。大多数的自然界信号均为模拟信号，例如气温、光照强度、水龙头的流量等，此外电路中常见的模拟信号有模拟电压信号（如图 1-7 所示）、模拟电流信号等。

② 数字（Digital）信号：在时间和数值上均具有离散性的信号。数字信号一般由模拟信号转换而来，如电路中数字电压信号（如图 1-8 所示）是由模拟电压信号转换而来。数字信号只有两个值，常用数字 0 和 1 来表示，这里的 0 和 1 没有大小之分，只代表两种相反的状态，称为逻辑 0 和逻辑 1，也称为二值数字逻辑。

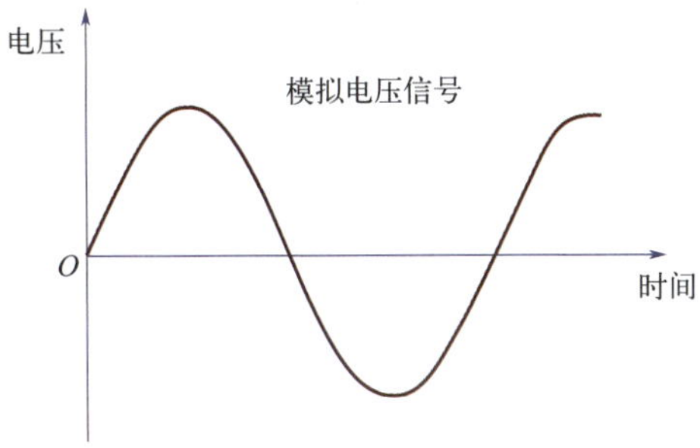

图 1-7　模拟电压信号

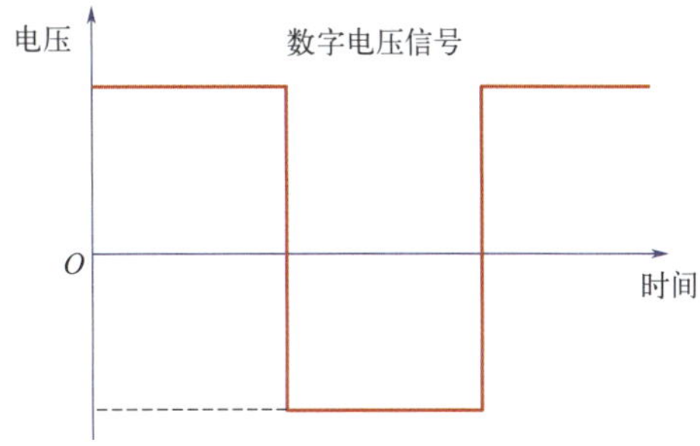

图 1-8　数字电压信号

1.3

串联和并联

（1）串联电路

一个电路中如果有两个或者多个用电器时，它们有不同的接法。一种叫作串联，就是电路中各元器件被导线首尾依次连接起来。图 1-9 所示为串联电路，图 1-10 所示为串联电路符号图。

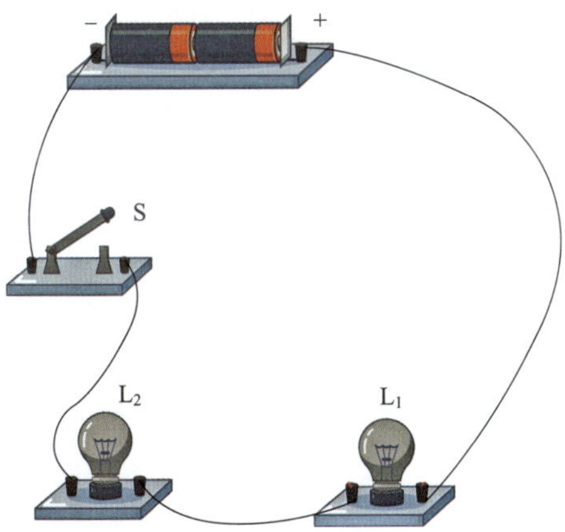

图 1-9　串联电路

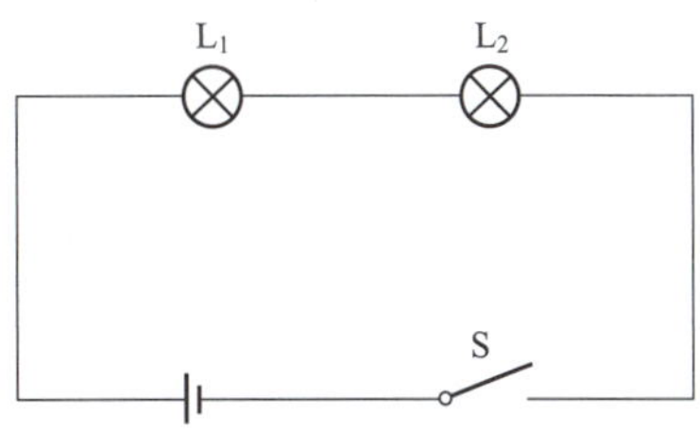

图 1-10　串联电路符号图

串联电路特点：

① 串联电路只有一个回路；
② 串联电路电流处处相等；
③ 串联电路总电压等于各个负载端电压之和；
④ 开关在任何位置都控制整个电路；
⑤ 串联电路中只要有一处断开，那整个电路断路，所有电子元件都不能正常工作。

（2）并联电路

另一种电路接法叫作并联，就是电路中两个或多个元器件首首连接同时尾尾连接到一起。图 1-11 所示为并联电路，图 1-12 所示为并联电路符号图。

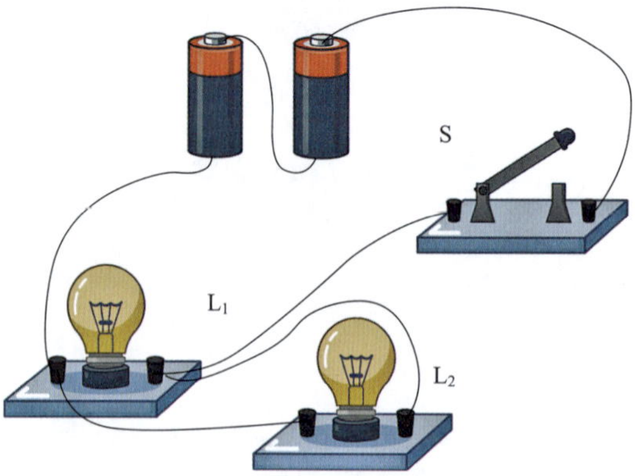

图 1-11　并联电路

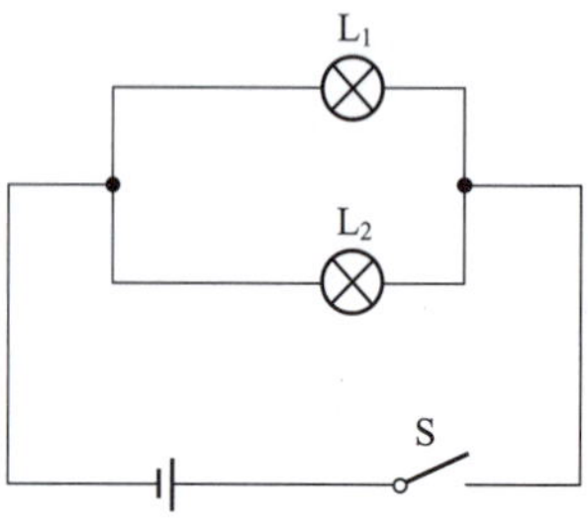

图 1-12　并联电路符号图

并联电路特点：
① 并联电路有多个回路；
② 并联电路干路总电流等于支路电流之和；
③ 并联电路各支路两端电压相等；

④ 并联电路中干路开关控制整个电路，支路开关只控制与其串联的元件；

⑤ 并联电路中如果支路有一处断开，则其他支路正常工作，若干路上有一处断开，则整个电路断路。

1.4 欧姆定律及电路状态

（1）电阻和电阻器

导体会阻碍电流通过，不同导体阻碍电流通过的能力不同。与水流流经水管类似，水管内壁光滑程度不同，水流的流量也会不同。用“电阻”这个概念表示导体阻碍电流通过的能力大小，电阻的单位是欧姆（符号：Ω）。

具有不同电阻值的电子元器件叫做电阻器，通常简称为电阻。电阻器没有正负极性之分，在电路图中，电阻器的符号如图 1-13 所示。

电阻器有很多不同的材质和外形，本书采用的电阻器是普通金属膜电阻器，其实物图如图 1-14 所示。

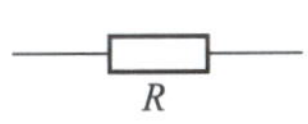

图 1-13　电阻器符号

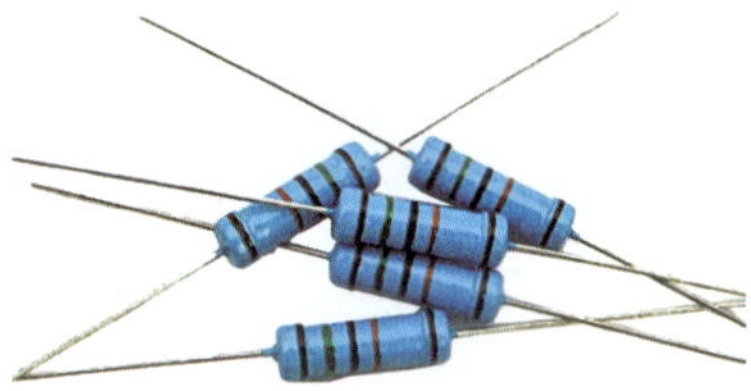

图 1-14　电阻器实物图

由于金属膜电阻器体积都很小，为了清晰标注电阻值，一般通过色环来表示电阻值大小，每一种颜色对应一个数字，常见有“四色环”和“五色环”表示法，如图 1-15 所示。

① “四色环”法：电阻前二环为有效数字，第三环表示阻值倍乘的数，第四环为误差（金或银色，如无第四条色环，误差就是 20%）。

② “五色环”法：电阻前三环为有效数字，第四环表示阻值倍乘的数，最后一环为误差。最后一环通常是金、银或棕色，金表示误差为 5%，银表示

误差为 10%，棕表示误差为 1%，无色表示误差为 20%。

四环电阻读法(22×1=22Ω，误差：±5%)

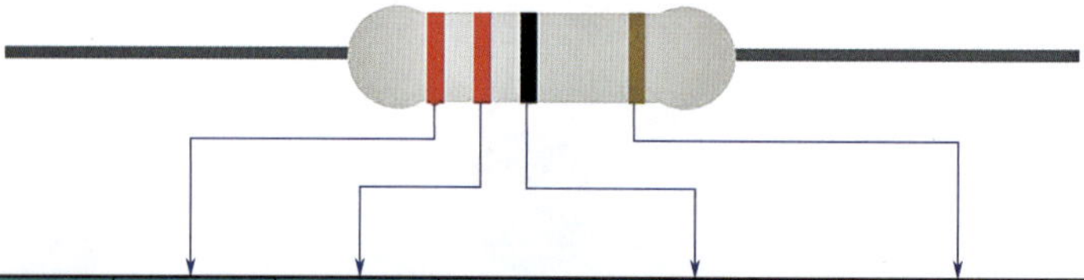

颜色	1环表示数	2环表示数		3环表示乘数	4环表示误差	
黑色	0	0	0	1		
棕色	1	1	1	10	±1%	F
红色	2	2	2	100	±2%	G
橙色	3	3	3	1k		
黄色	4	4	4	10k		
绿色	5	5	5	100k	±0.5%	D
蓝色	6	6	6	1M	±0.25%	C
紫色	7	7	7	10M	±0.10%	B
灰色	8	8	8		±0.05%	A
白色	9	9	9			
金色				0.1	±5%	J
银色				0.01	±10%	K
无色					±20%	M
颜色	1环表示数	2环表示数	3环表示数	4环表示乘数	5环表示误差	

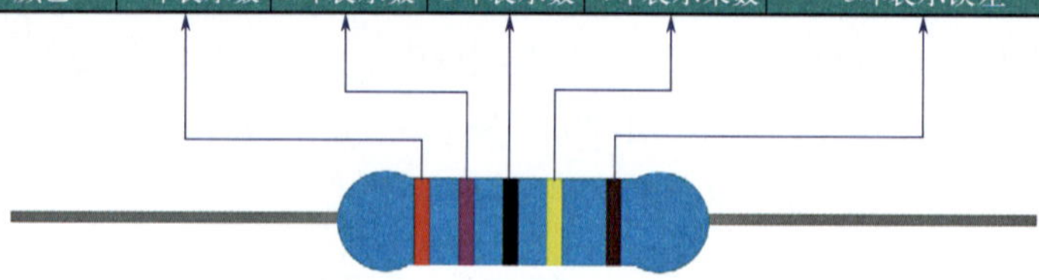

五环电阻读法(270×10k=2700kΩ=2.7MΩ，误差：±1%)

图 1-15　电阻色环图

由于电阻色环法需要记忆和手动计算，比较麻烦，当前许多网站或者手机 APP 都提供电阻查询和计算功能，我们可以利用这些工具更快速和方便地计算电阻大小。

（2）欧姆定律

1826 年德国科学家欧姆发现了著名的欧姆定律。在同一个电路中，通过某一导体的电流跟这段导体两端的电压成正比，跟这段导体的电阻成反比，这就是欧姆定律。其公式为：

$$I = U \div R \tag{1-1}$$

式中，I 为电流；U 为电压；R 为电阻。

（3）电路短路与开路

① 电路短路：如图 1-16 所示，电源与地（或者电池正负极）之间不通过任何元器件，只通过导线连接到一起，形成电路短路。短路时因电路中没有其他元器件，电阻阻值很低，根据欧姆定律，短路电流将很大，严重时会烧坏电源或设备。因此，连接完导线加电前，要仔细检查线路连接，确保电路中电源与地间没有短路。

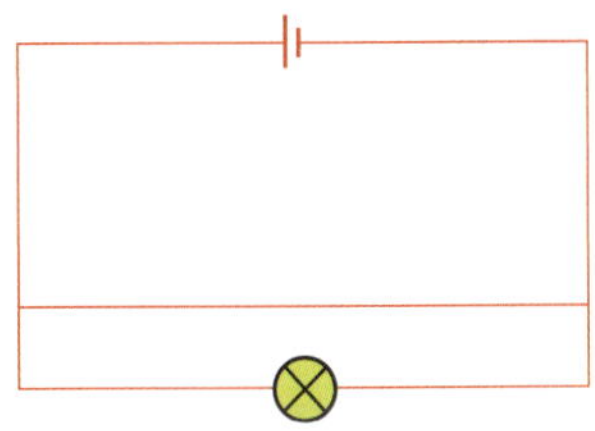

图 1-16　电路短路示意图

② 电路开路：也叫断路，如图 1-17 所示，电路中开关没有闭合或者是某个地方导线没有接通，导致电流无法正常通过，电路中的电流为零。

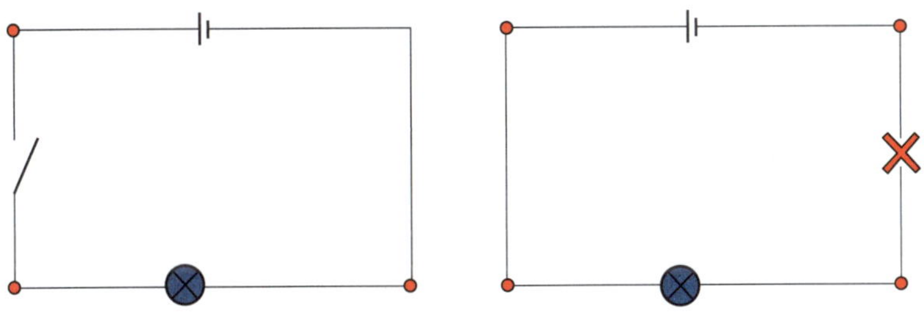

图 1-17　电路开路示意图

1.5 简单电路

通过自己动手搭建电路，闭合开关，点亮灯泡能直观地展示电路现象。简单电路实物图如图 1-18 所示。

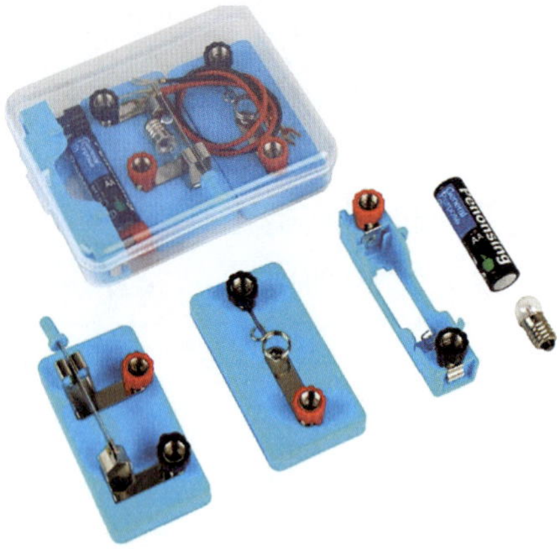

图 1-18　简单电路实物图

该电路具体配件清单如图 1-19 所示。快来动手实践一下吧。

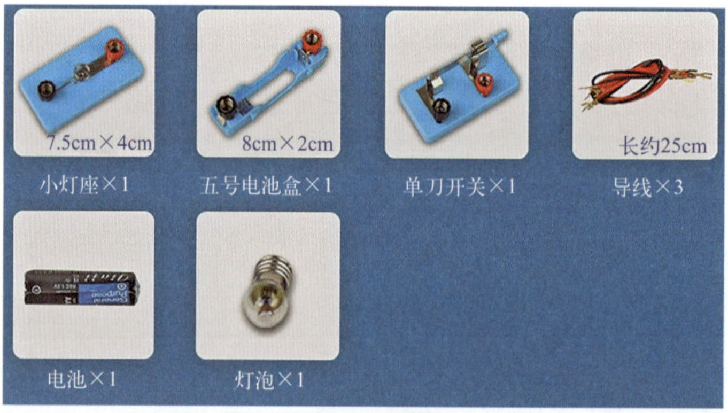

图 1-19　简单电路套装配件清单

简单电路演示

第 2 章 初识 micro:bit

2.1 micro:bit 是什么

micro:bit 是一款由英国广播公司（BBC）推出的专为青少年编程教育设计的微型电脑开发板，BBC 希望通过 micro:bit 鼓励青少年参与到创造性的硬件制作和软件编程中去。目前 micro:bit 由英国非营利组织 micro:bit 基金会负责在全球范围内的运营推广。

二十世纪八十年代，美国国家科学委员会提出 STEM 教育理念并发展成为国家战略，STEM 是科学（Science）、技术（Technology）、工程（Engineering）、数学（Mathematics）的首字母组合。STEM 是一种教育理念，有别于传统的单学科、重书本知识的教育方式，其鼓励中小学生在科学、技术、工程和数学领域的发展和提高，培养中小学生的综合素养，从而提升科技创新竞争力。STEM 强调知识的获取、方法与工具的应用、创新的制作等过程，micro:bit 编程语言简洁，且支持多种图形化编程工具，很快就成为青少年 STEM 教育的极佳载体。这款设备让学生只需拿起并插入电脑就可立即进行编程学习，激发新一代青少年的创造力。图 2-1 是青少年 STEM 教育常用的教学载体——micro:bit 智能编程小车。

图 2-1 micro:bit 智能编程小车

2.2 micro:bit 主控板结构介绍

如图 2-2 所示，micro:bit 主控板仅有半张银行卡的大小（长 5 厘米，宽 4 厘米），其有 V1 和 V2 两个版本，本书采用的是 V1 版本，兼容于 V2 版本。micro:bit 主控板虽然“个头”很小，但是“麻雀虽小，五脏俱全”，一个 micro:bit 主控板上搭载了 5×5 可编程 LED 点阵（25 个 LED 灯）、2 个可编程按钮、光线传感器、温度传感器、加速度计、电子罗盘、蓝牙无线传输芯片、micro USB 接口、电池接口等电子元器件和模块。

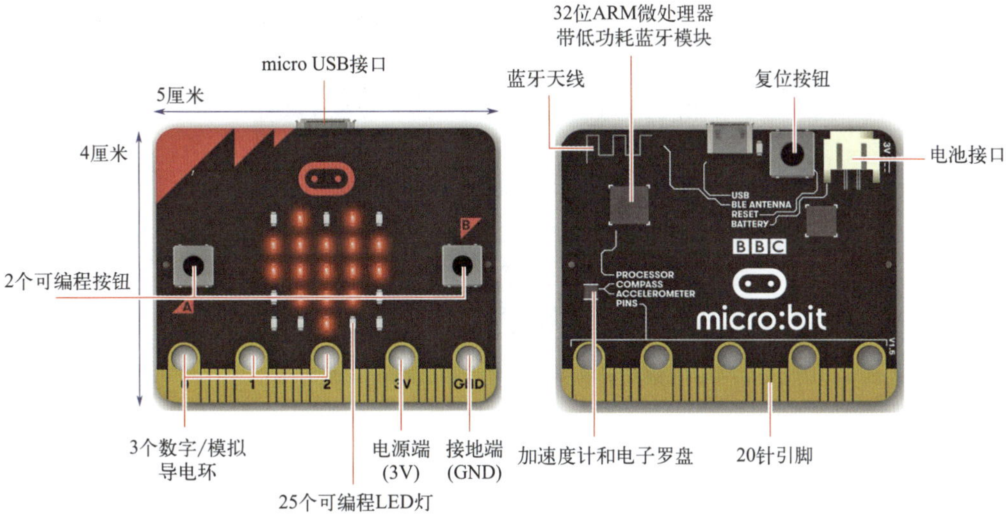

图 2-2　micro:bit 主控板正面和背面

micro:bit 主控板上电子元器件和模块的组成如下。

(1) LED 灯

如图 2-3 所示，micro:bit 主控板的正面由 25 个红色 LED 灯组成 5×5 的点阵，可以显示数字、英文、各种图形，在对 LED 点阵进行编程的时候，可以选择使用官方内置的图形库，比如各种表情包，也可以自己设计图形在点阵上显示。

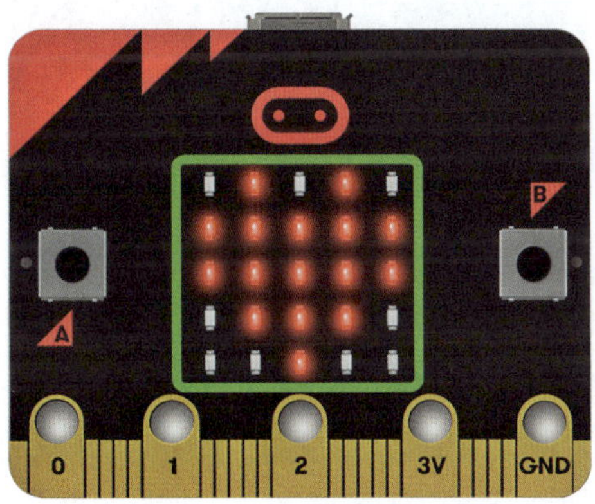

图 2-3　25 个可编程 LED

(2) 光线传感器

如图 2-4 所示，当 micro:bit 主控板进入输入模式时，LED 点阵就会起到一个光线传感器的作用，可以用它来检测周围环境的光照亮度。

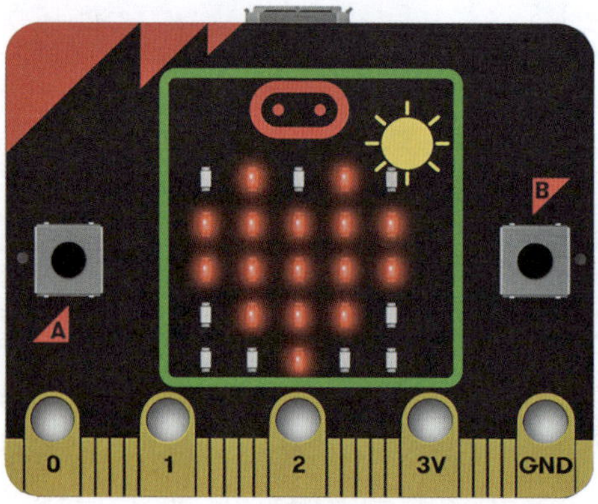

图 2-4　光线传感器

（3）可编程按钮

如图 2-5 所示，在 LED 点阵左右两边各有一个可编程按钮，分别标记为“A”和“B”，我们可以通过编程检测按钮按下或者抬起的状态。

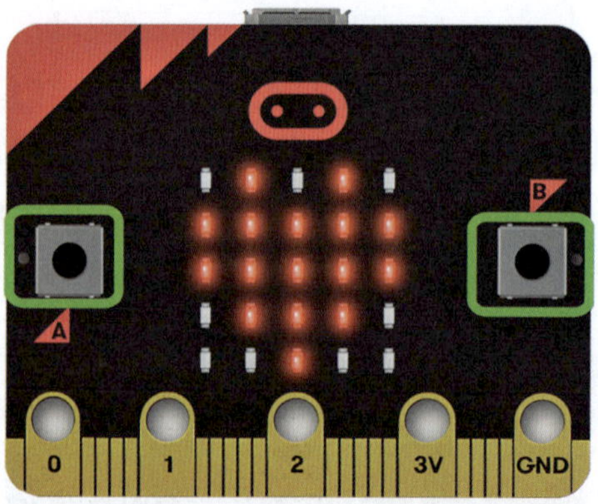

图 2-5　两个可编程按钮

（4）微处理器

如图 2-6 所示，微处理器（板上英文 PROCESSOR）是主芯片，被称为 micro:bit 主控板的“大脑”，其内部集成了中央处理单元（简称 CPU）、存储器、内存、蓝牙模块、温度传感器等，因此被称为片上系统（System on Chip，简称 SoC）。

（5）温度传感器

如图 2-7 所示，在 micro:bit 主控板的微处理器中内置了温度传感器，可以通过读取该温度传感器显示值来测量 micro:bit 主控板或者当前环境温度

（以摄氏度为单位）。

图 2-6　微处理器

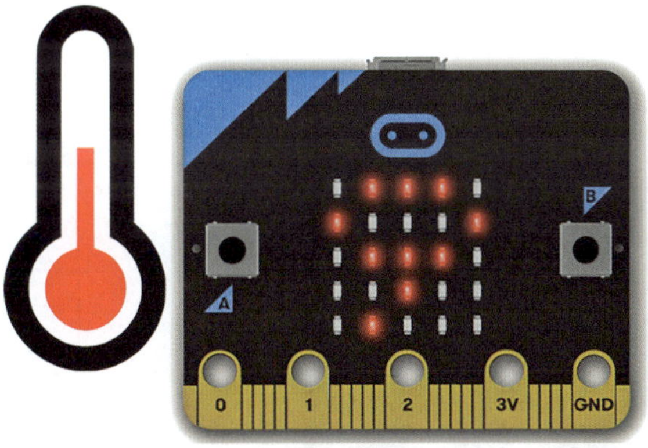

图 2-7　内置温度传感器

（6）加速度计和电子罗盘

如图 2-8 所示，加速度计（板上英文 ACCELEROMETER）也称为加速度传感器或者陀螺仪传感器，它可以测量 micro:bit 主控板的三轴转动角度，也可以检测加速度的大小，还可以检测 micro:bit 主控板常见的状态（例如：倾斜、摇晃、自由落体等）。

电子罗盘（板上英文 COMPASS）也称为指南针，其工作方式和航海时用的罗盘相似，它能够相对准确地探测出地球磁场。在使用之前，需要校准电子罗盘，确保电子罗盘的结果是正确的。

（7）蓝牙通信

如图 2-9 所示，可以通过蓝牙天线（板上英文 BLE ANTENNA），让 micro:bit 主控板和电脑、手机、平板等进行蓝牙通信，进而控制这些设备。

在使用蓝牙通信前，需要将 micro:bit 主控板与另外一台设备（如电脑、手机、平板等）配对成功。

图 2-8　加速度计和电子罗盘

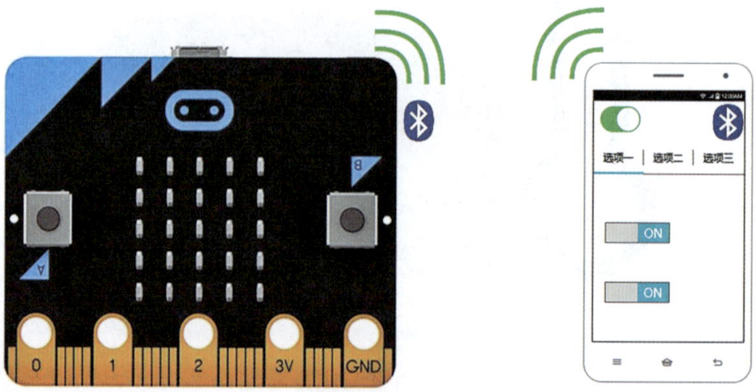

图 2-9　蓝牙通信

（8）2.4G 无线通信

如图 2-10 所示，micro:bit 主控板之间也可以进行 2.4G 无线通信，使用官方提供的相应无线通信积木（模块）和命令，进而创建出更有趣的游戏或者作品。

（9）金手指引脚

如图 2-11 所示，在 micro:bit 主控板的下边缘有 25 个外部接口（板上英文 PINS），这些接口称为“金手指引脚”，并且设计有金属环孔，可以通过鳄鱼夹或 4mm 香蕉插头与外部设备进行连接，从而控制舵机、电机等。金手指引脚的具体设置如图 2-11 所示，其中 P3、P4、P6、P7、P9、P10 主要用于 LED 点阵的控制，P5、P11 用于 A、B 按钮的控制。

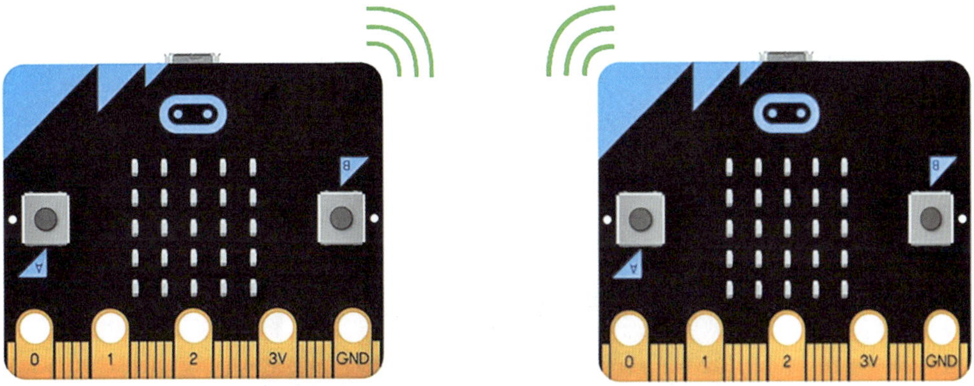

图 2-10　2.4G 无线通信

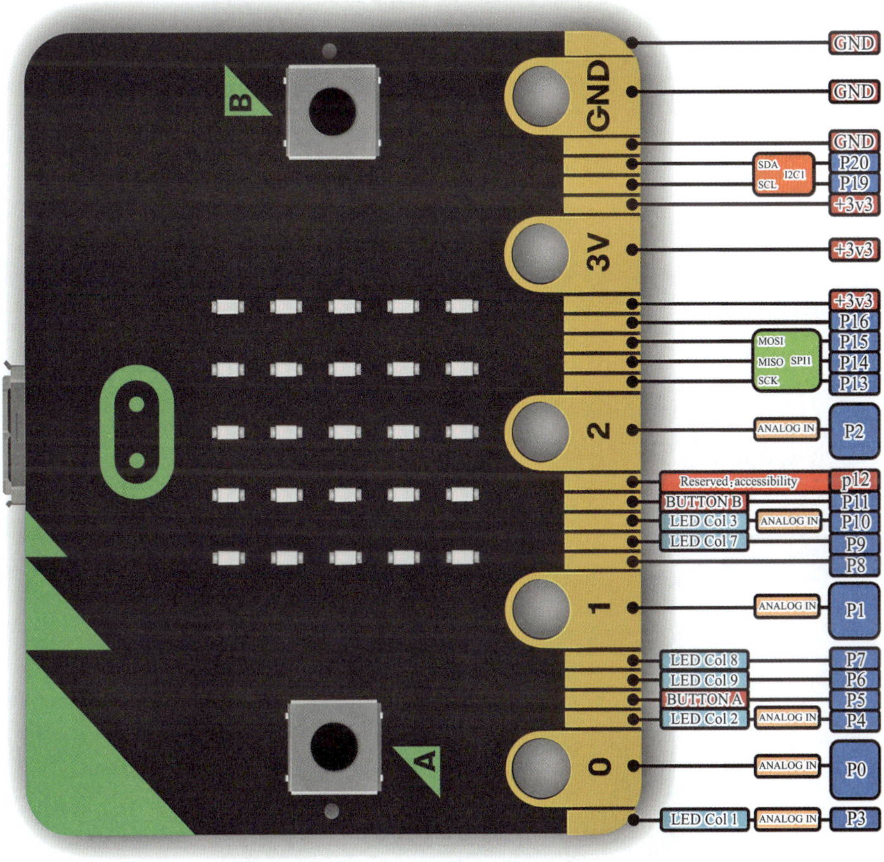

图 2-11　金手指引脚具体分布图

（10）micro USB 接口

如图 2-12 所示，micro:bit 主控板背面顶端中间位置设计有一个微型

（micro）USB 接口（板上英文 USB），通过一根 micro USB 数据线可以把 micro:bit 主控板连接至电脑，micro USB 接口主要有两个作用：

① 为 micro:bit 主控板提供外部的电源输入；

② 将电脑上编好的程序上传到 micro:bit 主控板中，或者将 micro:bit 主控板与电脑进行交互（例如，使用电脑上的 Mind+ 程序控制 micro:bit 主控板）。

图 2-12　micro USB 接口

（11）电池接口

如图 2-13 所示，micro:bit 主控板背面设有电池盒接口（板上英文 BATTERY），可以通过该接口为 micro:bit 主控板供电。需要注意，micro:bit 主控板的供电电压为 3V，所以在使用电池盒接口为 micro:bit 主控板供电时，电压应为 3V，过高则会导致 micro:bit 主控板损坏，过低会导致 micro:bit 主控板无法工作。

图 2-13　电池接口

（12）复位按钮

如图 2-14 所示，micro:bit 主控板背面设计有一个复位按钮（板上英文 RESET），当需要程序重新开始运行时，按一下复位按钮，micro:bit 主控板上程序就会从头开始运行。

图 2-14 复位按钮

2.3 micro:bit 学习套件

对于中小学生来说，micro:bit 开源硬件无疑是一个理想的科技创新平台，能够依托现代数字技术，助力学生创造出完整的智能作品。“工欲善其事，必先利其器”，本书建议读者选择如表 2-1 所示的 micro:bit 学习套件，书中项目的硬件搭建均基于该套件内的电子积木与模块。

表2-1 micro:bit学习套件清单

序号	配件名称	序号	配件名称
1	micro:bit 主控板	4	小型电路套件
2	扩展板	5	LED 灯电子积木
3	micro USB 数据线	6	蜂鸣器电子积木

续表

序号	配件名称	序号	配件名称
7	电位器电子积木	11	风扇扇叶
8	红外避障传感器	12	超声波测距模块
9	电机驱动模块	13	四位数码管显示模块
10	直流电机	14	彩色杜邦线（母对母）

2.4 套件使用注意事项

micro:bit 介绍及使用注意事项

本书使用的 micro:bit 主控板和扩展板没有外壳，因此若将 micro:bit 主控板背面或者扩展板放到金属介质面上，引脚很容易触碰到导体而引起短路，损坏 micro:bit 主控板和扩展板。因此，要特别注意，禁止将 micro:bit 主控板或者扩展板背面放到金属介质面上，必须放到木质或者塑料桌面等非金属介质面上。

从现在开始，同学们将使用 micro:bit 主控板和很多电子积木（模块）进行硬件搭建。不同于 3C（如消费类）电子产品，micro:bit 主控板和其他电子积木（模块）没有外壳保护，元器件的引脚和焊点直接裸露在外。因此在拿取 micro:bit 主控板及其他电子积木（模块）时，尽量不要触碰到引脚和焊点，尤其是冬天，气候比较干燥，身体上的静电可能会损坏 micro:bit 主控板上的芯片。

此外，在硬件搭建时，尽量避免在工作区域放置水、饮料等液体，万一打翻或者滴洒在电路板上，可能会造成短路而损坏电路板或造成更大的损失。

使用 micro:bit 主控板及其他电子积木（模块）学习硬件搭建时，应该注意如下事项：

① 不得带电插拔电子积木（模块），必须先关闭电源，然后再进行电子积木（模块）的插拔操作。

② 硬件搭建完后，连接电源前，要先仔细检查导线连接，避免电路短路，避免电子积木（模块）正负极接反造成电路损坏。

第 3 章 遇见 Mind+

随着 micro:bit 开源硬件的流行，micro:bit 也逐渐走入校园，走入中小学生的科技创作中。当前面向青少年的图形化编程软件有不少，可是有些编程软件只能在电脑上编程并运行，有没有一款软件可以采用图形化编程来实现对硬件的控制呢？

Mind+ 就是这样的软件！针对国内具体的中小学科技创新教育需求，Mind+ 编程软件是国内最早的低门槛、易使用的图形化编程软件之一。Mind+ 是一款基于 Scratch 3.0 开发的青少年编程平台（会 Scratch 编程的同学，用 Mind+ 编程非常容易上手），它支持 micro:bit 、Arduino 等各种开源硬件，只需要拖动图形化积木块即可完成编程，进而操作控制各种硬件，快速实现自己的科技创意。同时 Mind+ 编程软件拥有强大的硬件扩展功能库，直接使用即可以对上百种常用硬件模块，包括各种传感器、执行器、通信模块、显示器、功能模块进行编程控制。本书中项目的程序编写基于 Mind+ 编程软件。

3.1

Mind+ 下载与安装

（1）下载 Mind+ 编程软件

在电脑端打开 Mind+ 图形化编程软件官网进行下载，如图 3-1、图 3-2 所示。

图 3-1　Mind+ 网站界面

图 3-2　Mind+ 编程软件的下载界面

由于软件为免安装版，在下载完成后，在解压缩后的文件夹中直接双击软件“Mind+.exe”图标即可进行编程，如图 3-3 所示。注意：本书的程序编写使用的是“Mind+ V1.8.0 RC3.0”版本，大家可以使用最新版本的 Mind+ 编程软件。

图 3-3　Mind+ 编程软件图标

（2）安装驱动

驱动安装有 2 种操作方法：

① 如图 3-4、图 3-5 所示，点击 Mind+ 编程软件主界面上的“教程”→“视频教程”菜单项，打开视频教程，点击“安装驱动”教程视频，打开课程视频悬浮窗，根据视频一步一步完成驱动安装，只需安装一次，再次打开 Mind+ 编程软件无需安装。

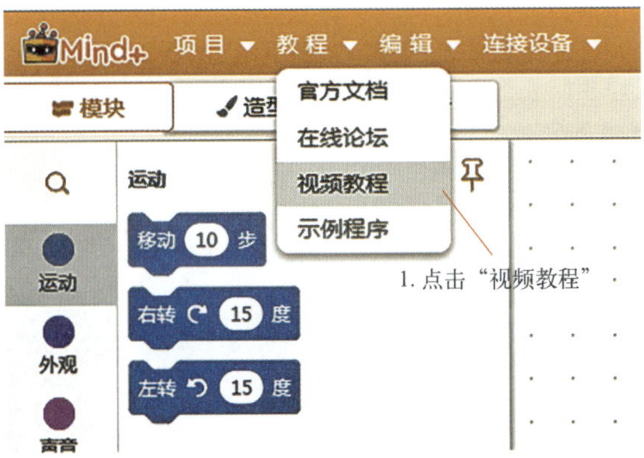

图 3-4　点击“视频教程”

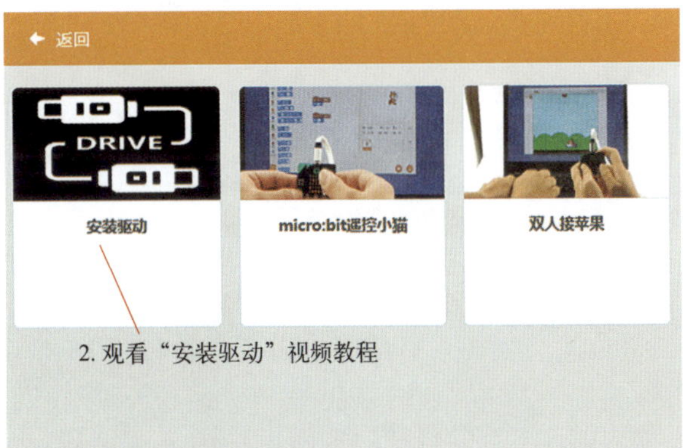

图 3-5　观看“安装驱动”视频进行安装

②如图 3-6 所示，也可以点击 Mind+ 编程软件主界面上的“连接设备”→“一键安装串口驱动”菜单项，根据弹出的界面提示一步一步完成驱

动安装，同样只需安装一次，再次打开 Mind+ 编程软件无需安装。

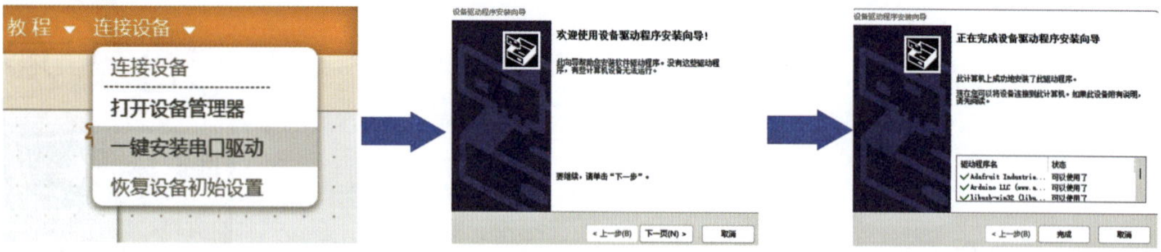

图 3-6　点击“一键安装串口驱动”进行安装

（3）切换“上传模式”

在 Mind+ 编程软件中，“上传模式”是将编好的程序上传到硬件设备上运行，因此本书所有的 micro:bit 项目都是在“上传模式”下编写，点击 Mind+ 编程软件主界面右上角“上传模式”按钮，切换为“上传模式”主界面。如图 3-7、图 3-8 所示。

图 3-7　点击“上传模式”进行切换界面

图 3-8　“上传模式”主界面

3.2

Mind+ 界面介绍

如图 3-9 所示，下载安装并切换到“上传模式”界面之后，让我们仔细认识下 Mind+ 编程界面。

图 3-9　“上传模式”下的 Mind+ 主界面

如果把整个软件比作一个舞台，那么不同区域的功能是什么呢？

（1）菜单栏

它是用来设置软件的区域，这里就是整个“舞台”的幕后，没有菜单栏的帮助，连上台“表演”的机会都没有。那么“舞台”的幕后都有什么呢？

①“项目”菜单：可以新建项目、打开项目、保存项目等。

②“教程”菜单：在初步使用时可以在这里找到想要的教程和示例程序。

③“连接设备”菜单：能检测到连接的设备，可以选择连接或是断开设备。

④“实时模式 / 上传模式 /Python 模式”按钮：切换程序执行的模式。“实时模式”是类似 Scratch 软件的舞台编程界面；“上传模式”是 micro:bit 硬件

编程界面；“Python 模式”是使用 Python 语言（一种高级编程语言）的编程界面。

（2）积木区

这里是“舞台”的“道具”区，为了完成各种复杂的动作，需要很多不同的道具组合。在“扩展”里，可以选择更多额外的道具，支持各种硬件编程。“积木区”又称为“指令区”。

（3）编程区

这里就是“舞台表演”的核心，是大家都能看得懂的图形化编程。所有的“表演”都会按照“编程区”的指令行动。拖拽“积木区”的积木能在此编写程序。

（4）代码查看区

如果想弄清楚“编程区”图形化积木的代码究竟是什么意思，这里是个好地方。还能在“手动编辑”子菜单中通过键盘输入代码。

（5）串口区

想知道“表演”的效果如何，那必须要和“观众”互动。这里能显示下载状况，比如可以看到程序有没有成功下载，哪里出错了；显示程序运行状况；还能显示串口通信数据。也就是说，如果你的 micro:bit 主控板外接了一个声音传感器，那么你在这里可以看到显示的声音数值的大小。这里还有串口开关、清除输出、串口输入框等。

3.3 入门 micro:bit 硬件编程

熟悉了 Mind+ 编程软件后，那就开始 micro:bit 硬件编程之旅吧！

开始之前，我们需要准备一台运行 Windows 操作系统的电脑（台式机、笔记本电脑均可）、micro:bit 主控板以及 micro USB 数据线。

先学习一个入门的项目——在 micro:bit 主控板的 LED 点阵屏上显示一颗“红心”表情，进而掌握 micro:bit 硬件编程的流程。

首先介绍下 LED 的基础知识，详细的内容会在后续章节中讲解。LED

（Light Emitting Diode），是“发光二极管”的英文简称，是一种发光器件，当给它通上电，它就能发出红、黄、蓝、绿、青、橙、紫、白等颜色的光，比如家里的电灯就是一种 LED 灯。将 LED 灯按照行列顺序排列好，就组合成了简单的 LED 点阵屏，可以显示数字、英文及各种图形。比如 micro:bit 主控板的正面就是 25 个 LED 灯组成的 5×5 LED 点阵屏，可对其编程实现点阵图案显示。

按如下操作步骤，编写、上传程序到 micro:bit 主控板，运行观察现象。

① 如图 3-10 所示，双击电脑桌面上的图标，打开 Mind+ 编程软件，将模式切换到“上传模式”。

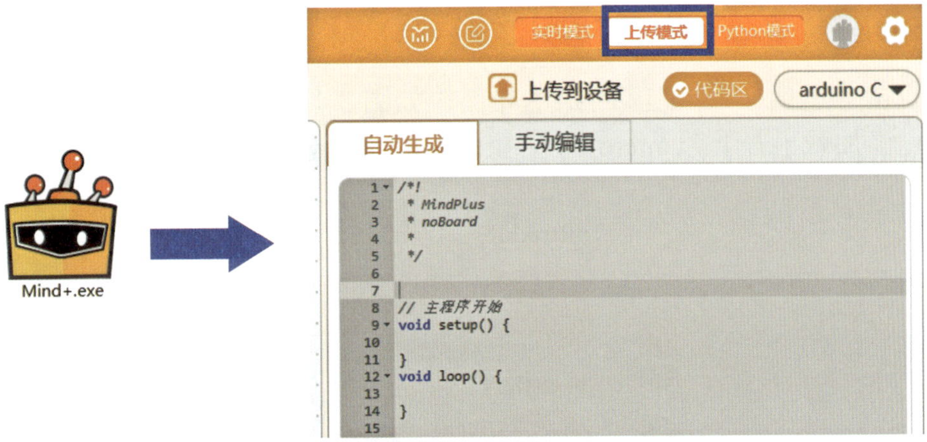

图 3-10　双击图标打开 Mind+ 编程软件并切换到“上传模式”

② 如图 3-11 所示，点击主界面左上角“项目”菜单中的“新建项目”。

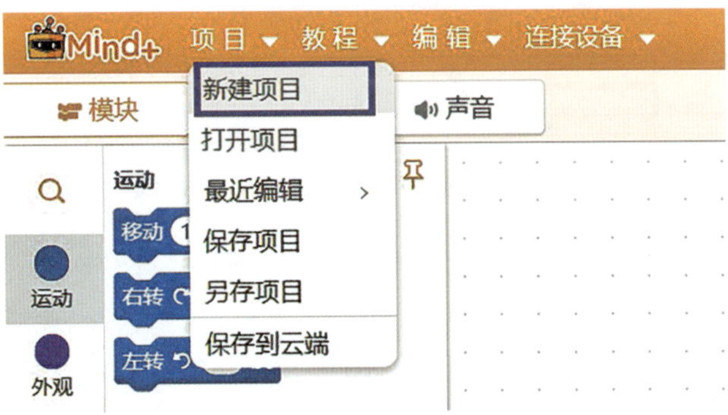

图 3-11　点击“新建项目”

③ 如图 3-12 所示，点击主界面左下角“扩展”，选择“主控板”→“micro:bit”。

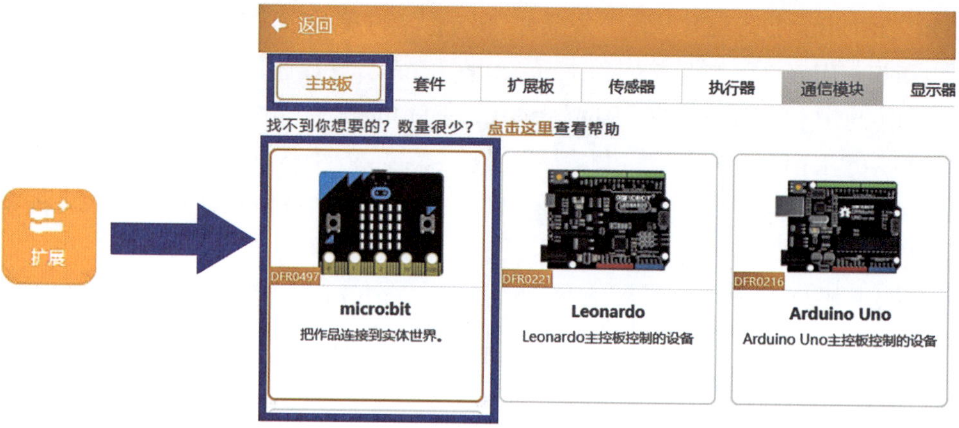

图 3-12　点击“扩展”并选择“micro:bit”主控板

点击“返回”，才能够回到主界面，如图 3-13 所示，在左侧“积木区”看到已经加载了若干个 micro:bit 主控板的编程积木❶。

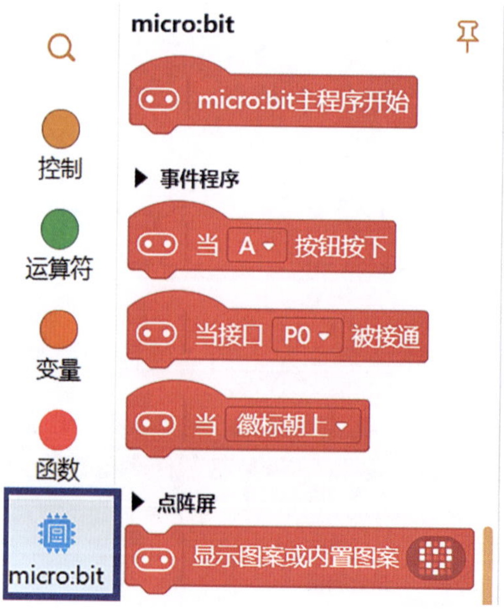

图 3-13　加载的“micro:bit”主控板编程积木

④ 如图 3-14 所示，首先通过 micro USB 线将 micro:bit 主控板连接到电脑 USB 口，此时 micro:bit 主控板背面的电源指示灯亮起。

❶ 每次打开Mind+编程软件后都要点击“扩展”，添加micro:bit编程积木，否则会出现找不到micro:bit编程积木的情况。

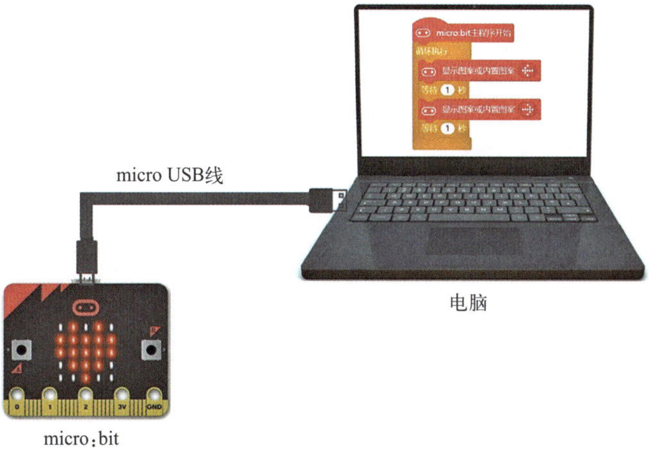

图 3-14　电脑、主控板与 USB 数据线连接图

然后如图 3-15 所示，在主界面上点击菜单栏上“连接设备”，找到并点击串口号“COMxx-Microbit”[1]，使 micro:bit 主控板真正连接到电脑。

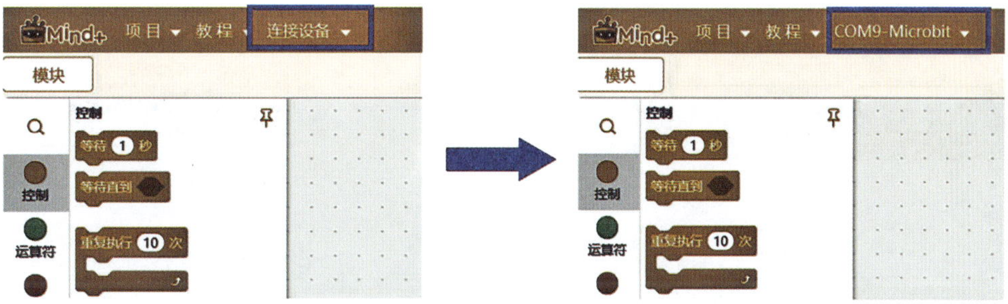

图 3-15　点击“连接设备”后变成“COM9-Microbit”

⑤ 编写项目的 Mind+ 程序。如图 3-16 所示，单击“积木区”的“micro:bit”，在“积木区”找到积木，将该积木拖到“编程区”中[2]，该积木是执行 micro:bit 程序的开始，必不可少。如图 3-17 所示，编程过程中可以将暂时不需要的积木拖到左侧的“积木区”进行删除，或者右键点击积木，选择“删除”菜单项进行删除。最后编好的 Mind+ 程序如图 3-18 所示。

---

[1] “COMxx-Microbit”中的数字xx会因电脑USB端口不同而不同，属正常连接。若没出现“COMxx-Microbit”，需检查micro:bit主控板电源灯是否点亮及串口驱动是否安装成功。

[2] 拖拽积木编程是Mind+图形化编程常用的操作，具体是从“积木区”找到需要的积木并单击，然后按住鼠标左键不放，将积木拖到“编程区”指定位置后松开左键，我们要熟练掌握这一编程动作。

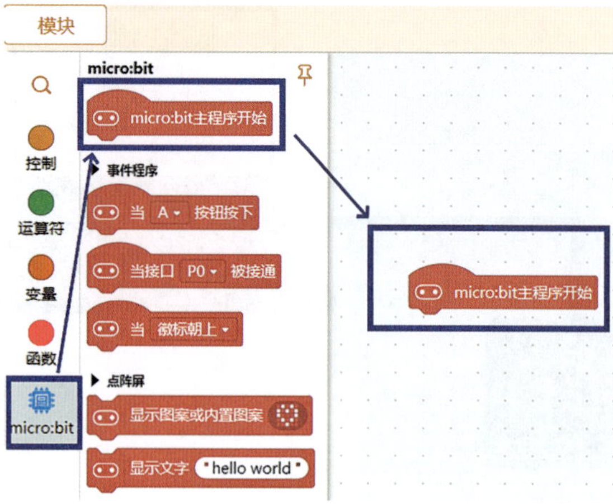

图 3-16 加载“micro:bit 主程序开始”积木

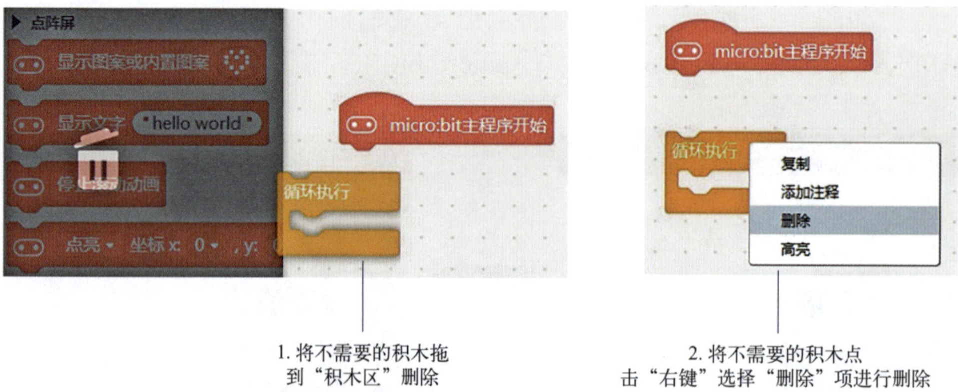

图 3-17 删除积木的两种操作

图 3-18 项目的 Mind+ 程序

积木是对 micro:bit 主控板上的 25 个 LED 灯进行亮灭操作，进而实现不同图案的显示。micro:bit 主控板有一组不同的内置点阵图案，供各种项目使用。当点击该积木“心形”图案处，弹出“点阵图案”显示设置界面，详细设置如图 3-19 所示。

⑥ 编写好程序后，如图 3-20 所示，单击主界面中的“上传到设备”按钮，将程序上传到 micro:bit 主控板上。在上传程序时 micro:bit 主控板背面的

电源信号灯会闪烁，同时会弹出提示框，显示上传进度。上传完成后电源信号灯停止闪烁，保持长亮，同时提示框会自动消失。

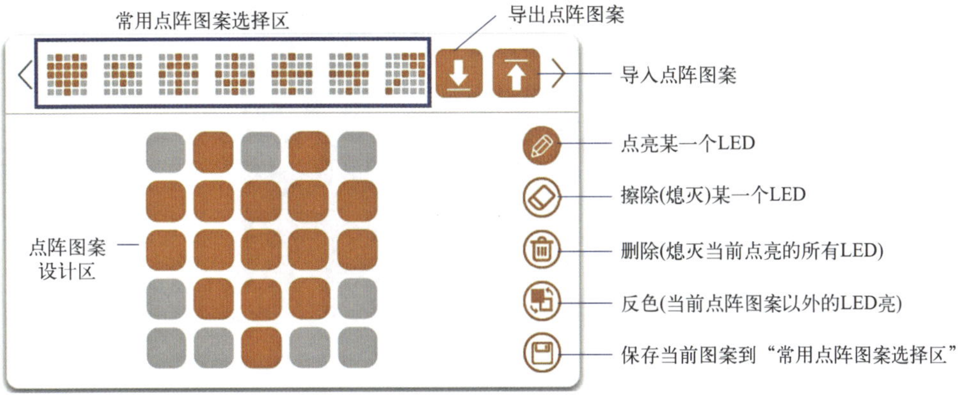

图 3-19 LED 点阵图案显示设置界面

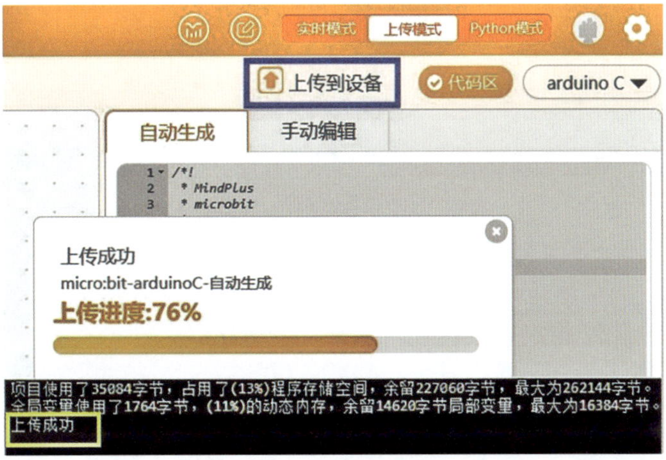

图 3-20 点击“上传到设备”按钮且串口区显示“上传成功”

3.4 运行现象

项目运行后，如图 3-21 所示，micro:bit 主控板上的 LED 点阵屏显示出一颗“红心”的表情形状。

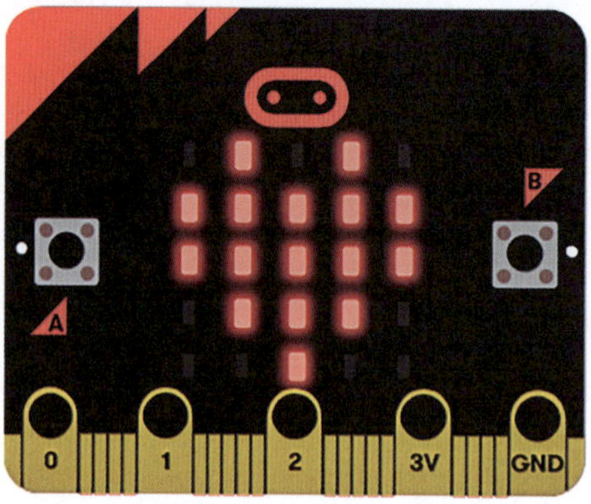

图 3-21 显示“红心”表情

micro:bit 主控板入门演示

第二篇 micro:bit 基础学习

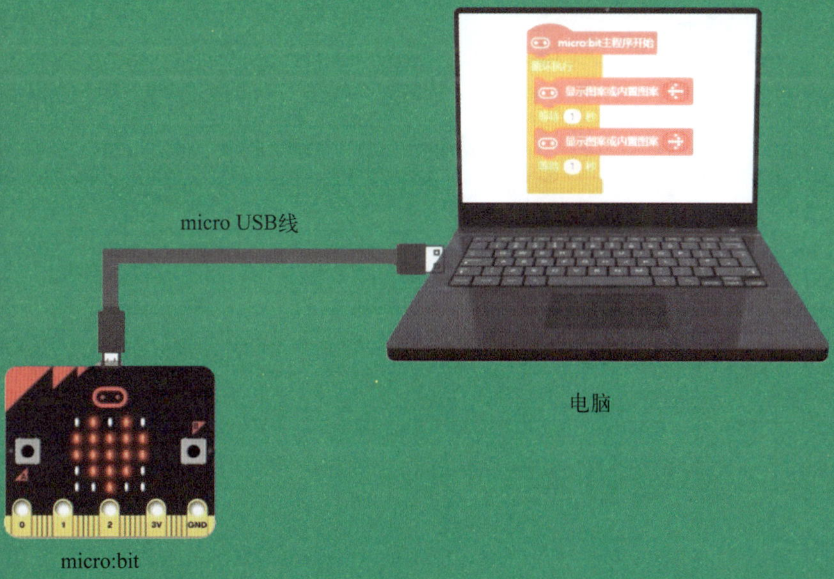

第 4 章 闪烁的表情包

图 4-1　日常生活中常见的表情包

在日常生活中，我们会在手机或者电脑上见到一些可爱的表情包，如图 4-1 所示。

本章我们将继续探索 micro:bit 硬件编程的世界，学习如何通过闪烁的笑脸和哭脸来表达感情，最后进行项目的扩展，制作属于自己的小表情。

4.1 项目任务

本章 micro:bit 学习项目的任务：通过 Mind+ 编程控制 micro:bit 主控板正面的 LED 点阵屏，使其每隔 1 秒变换“笑脸”和“哭脸”的表情包，实现

“闪烁的表情包”的效果。

4.2 所需硬件

(1) 1×micro:bit 主控板（图 4-2）

(2) 1×micro USB 数据线（图 4-3）

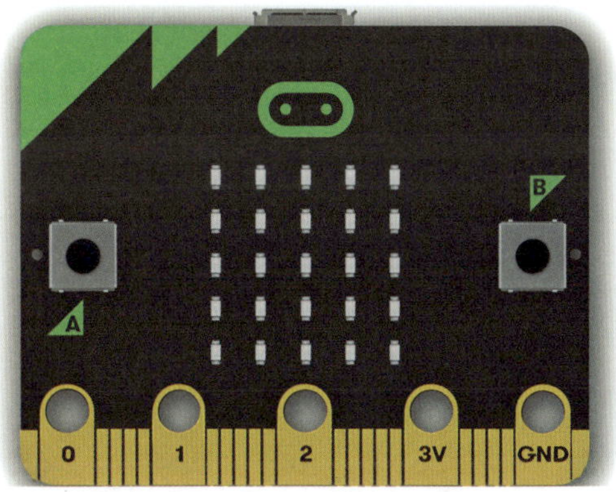

图 4-2　micro:bit 主控板

图 4-3　micro USB 线

4.3 图形化积木学习

在本项目编程中，涉及积木区的积木（指令）如表 4-1 所示。

表4-1　项目使用的关键积木列表

所属模块	积木（指令）	积木功能
micro:bit	micro:bit主程序开始	主程序指令，程序开始执行的地方，指令放在主程序下面才起作用
控制	循环执行	循环执行积木，逐次执行其“肚中”的每个积木，直到最后，然后再从“肚中”的第一个积木执行，一直循环下去
micro:bit	显示图案或内置图案	对 micro:bit 主控板上的 25 个 LED 灯进行亮灭操作，进而实现不同点阵图案的显示
控制	等待 1 秒	延时等待 1 秒（输入 0.5 即延时 0.5 秒，最小单位为 1 毫秒，即 0.001 秒）

4.4 图形化编程

按如下操作步骤，编写、上传程序到 micro:bit 主控板，运行观察现象。

首先按照 3.3 所示的基本操作步骤①～④将 micro:bit 主控板连接到电脑上。

然后编写项目的 Mind+ 程序。点击“显示图案或内置图案”的“心形”图案处，弹出“点阵图案”显示设置界面，如图 4-4 所示，在“常用点阵图案选择区”通过滚动鼠标滚轮选择“笑脸”和“哭脸”的点阵图案。完整的项目程序如图 4-5 所示。

编写好程序后，按照 3.3 所示的基本操作步骤⑥将程序上传到 micro:bit 主控板上。

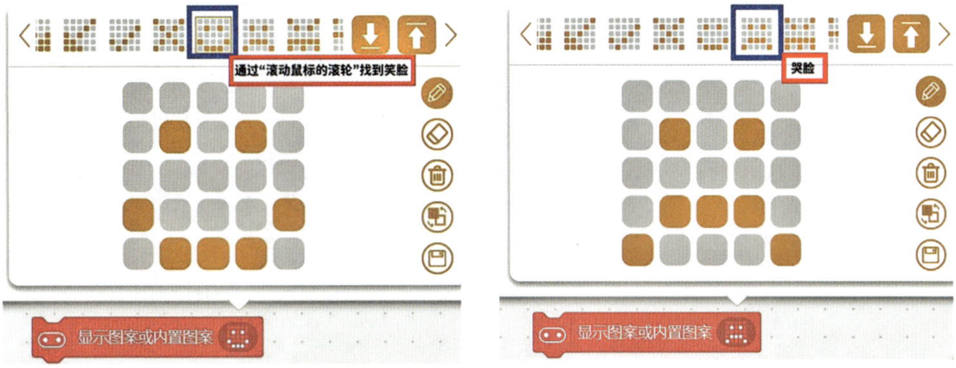

图 4-4　LED 点阵图案显示设置“笑脸”和“哭脸”

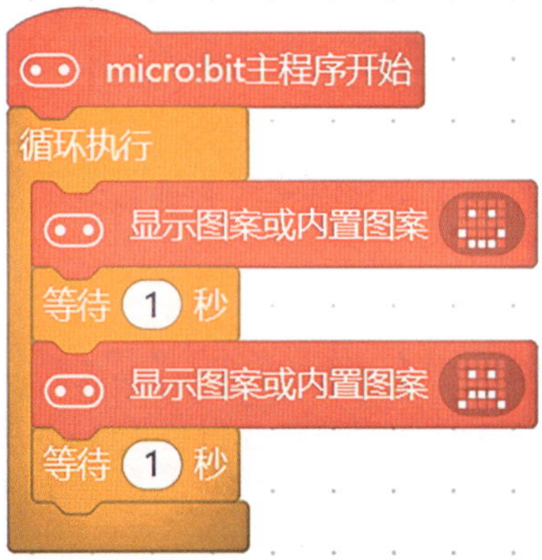

图 4-5　完整的项目 Mind+ 程序

4.5 运行现象

项目运行后，可以看到 micro:bit 主控板正面的 LED 点阵屏每隔一秒变换“笑脸”和“哭脸”的表情包，如图 4-6、图 4-7 所示，实现了“闪烁的表情包”效果。

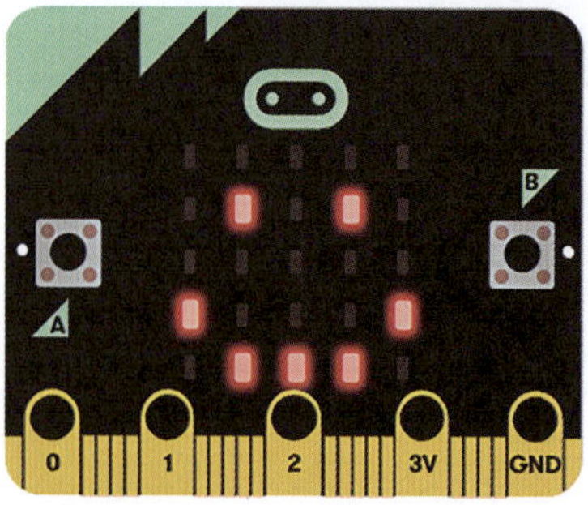

图 4-6 “笑脸”现象

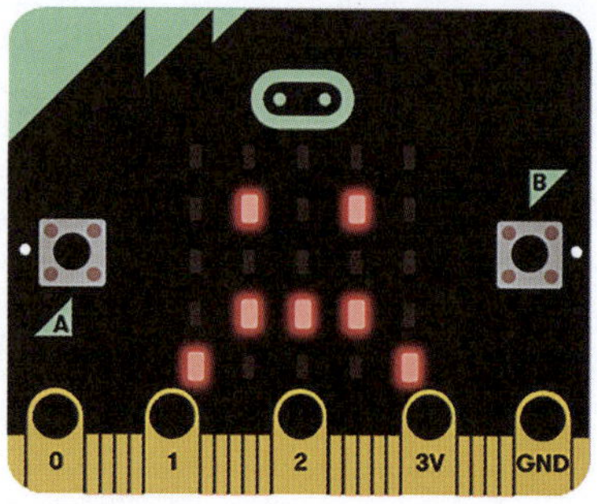

图 4-7 “哭脸”现象

4.6

自制表情包

现在我们不采用 Mind+ 软件设置好的“笑脸”“哭脸”等表情包，自己能否设计表情包，随时给伙伴展现我们的喜怒哀乐呢？答案是当然可以，现在我们针对刚才的项目进行扩展，自制表情包，并进行显示。

点击

的“心形”图案处，弹出“点阵图案”显示设置界面，如图 4-8 所示，在“点阵图案设计区”，通过点击鼠标左键“点亮”或者“熄灭”任意一个 LED 灯，进而完成自制的表情包，这里我们设计了“胜利 V 手势”和“竖大拇指手势”，并每隔 1 秒交替显示。完整的项目扩展程序如图 4-9 所示。

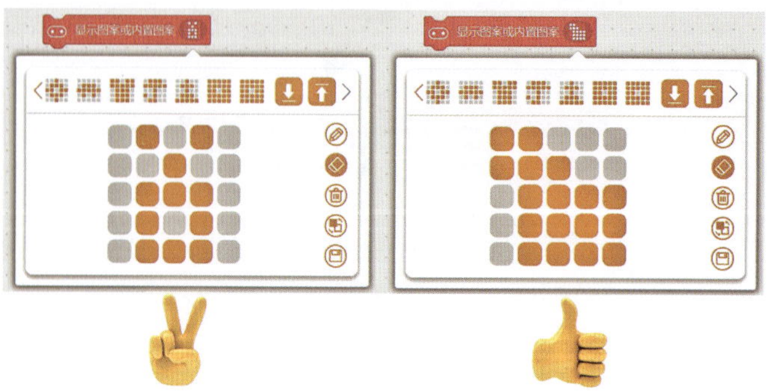

图 4-8 自制表情包

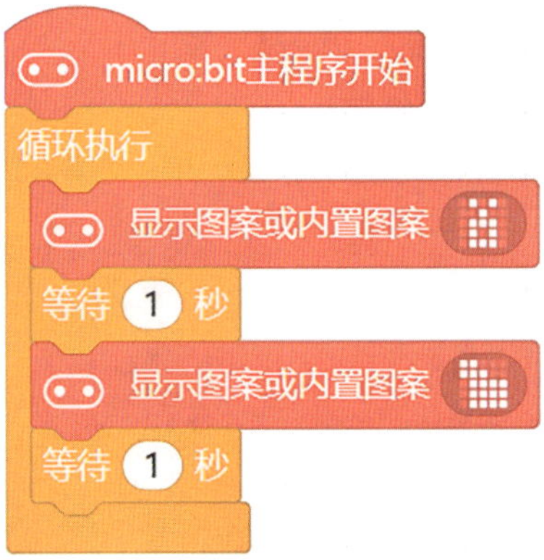

图 4-9　完整的项目扩展 Mind+ 程序

项目运行现象如图 4-10、图 4-11 所示。

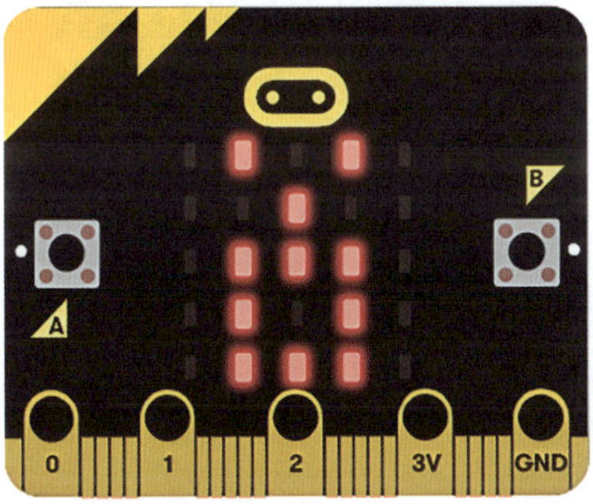

图 4-10　自制“胜利 V 手势”

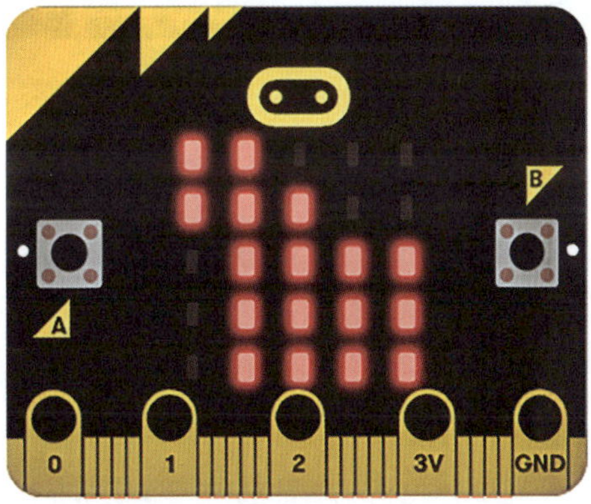

图 4-11　自制“竖大拇指手势”

闪烁的表情包
演示

第 5 章 滚动的姓名徽章

现在我们已经知道 micro:bit 主控板的正面由 25 个红色 LED 灯组成 5×5 的点阵，可以显示数字、英文、各种图形，在对 LED 点阵屏进行编程的时候，可以选择使用官方内置的图形库，比如各种表情包，也可以自己设计图形在屏幕上显示。但是如何让 LED 点阵屏显示如“jack”这样的英文名字呢？这就涉及字符串及滚动显示的知识。

5.1 字符串基础

在计算机领域，通常把英文字母、标点符号、特殊符号叫做字符，例如‘A’、‘d’、‘。’、‘@’、‘ ’（空格）等，字符的特点是需要加单引号（‘’）进行表示。由两个或者多个字符组成的单词或者语句则被称为字符串，例如“jack !”字符串就是由‘j’、‘a’、‘c’、‘k’、‘ ’（空格）、‘!’共 6 个字符组成，字符串的特点是需要加双引号（“”）进行表示。

5.2 项目任务

在了解字符串基础的前提下，学习并完成本章项目的任务：micro:bit 主控板 LED 点阵屏滚动显示“jack”完以后，熄屏停止显示；经过 5 秒，再次滚动显示“jack”，最后释放点阵屏，熄屏停止工作，实现“滚动的姓名徽章”视觉效果。

5.3 所需硬件

（1）1×micro:bit 主控板

（2）1×micro USB 数据线

5.4 图形化积木学习

在本项目编程中，涉及积木区的积木（指令）如表 5-1 所示。

表5-1 项目使用的关键积木列表

所属模块	积木（指令）	积木功能
micro:bit	micro:bit主程序开始	主程序积木，程序开始执行的地方，编写的程序放在主程序积木下面才起作用
micro:bit	显示文字 "hello world"	在 micro:bit 主控板的 LED 点阵屏上滚动显示编辑框中的内容，可修改成任意内容
micro:bit	停止滚动动画	在 micro:bit 主控板的 LED 点阵屏上停止滚动显示的动画
micro:bit	点阵屏 启用 ▾ ✓ 启用 释放	启用或者释放 micro:bit 主控板的 LED 点阵屏，选择“启用”，则 LED 点阵屏工作；选择“释放”，则 LED 点阵屏停止工作
控制	等待 1 秒	延时等待 1 秒（输入 0.5 即延时 0.5 秒，最小单位为 1 毫秒，即 0.001 秒）

5.5 图形化编程

按如下操作步骤，编写、上传程序到 micro:bit 主控板，运行观察现象。

首先按照 3.3 所示的基本操作步骤①～④将 micro:bit 主控板连接到电脑上。

然后编写项目的 Mind+ 程序。首先启用点阵屏，点击 显示文字 "hello world"，修改字符串为“jack”，滚动显示完后，熄屏停止显示；经过 5 秒，再次滚动显示“jack”，最后释放点阵屏，熄屏停止工作。完整项目程序如图 5-1 所示。

编写好程序后，按照 3.3 所示的基本操作步骤⑥将程序上传到 micro:bit 主控板上。

图 5-1　完整的项目 Mind+ 程序

5.6 运行现象

滚动的姓名徽章演示

项目运行后，如图 5-2 所示，可以看到 micro:bit 主控板 LED 点阵屏滚动显示完“jack”后，熄屏停止显示；经过 5 秒，再次滚动显示“jack”，最后释放点阵屏，熄屏停止工作，实现“滚动的姓名徽章”视觉效果。可以使用 micro:bit 主控板制作一枚科技感十足的“胸章”等创意作品。

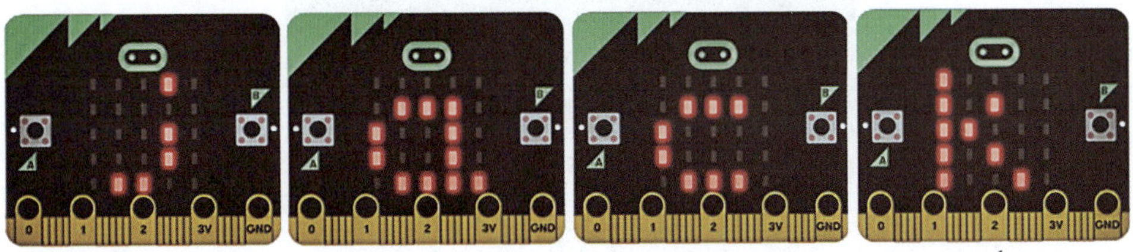

j　a　c　k

图 5-2　滚动显示姓名徽章

第 6 章
闪烁的流水灯

micro:bit 主控板 LED 点阵屏除了整体显示数字、英文及点阵图案外，还可以独立控制任意一个 LED 灯的亮灭， 在 Mind+ 编程中，有一个类似小学数学中“数对”的概念叫“坐标”，使用坐标（x，y）来区分控制的是哪一个 LED 灯。具体的，5×5 的 LED 点阵与坐标（x，y）的对应关系如图 6-1 所示。

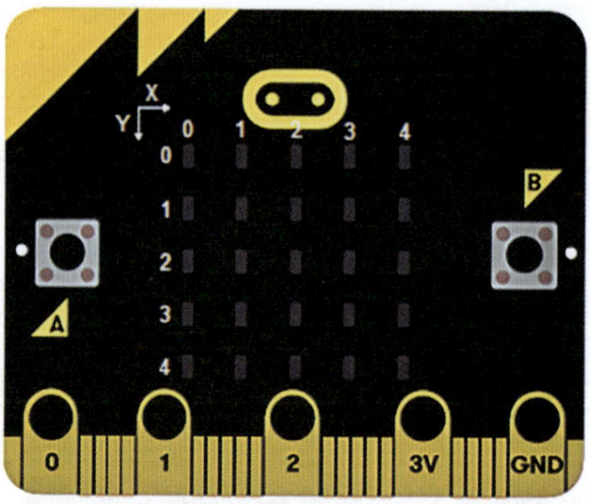

图 6-1　LED 点阵与坐标（x，y）的关系

以 LED 点阵左上角的 LED 灯为起始，列号 x 与行号 y 从 0 开始计数，

左上角的 LED 灯坐标（0，0）、右上角的 LED 灯坐标（4，0）、左下角的 LED 灯坐标（0，4）、右下角的 LED 灯坐标（4，4），按此规律进行计算，进而独立控制指定的 LED 灯亮灭。

6.1 项目任务

本项目的任务：在 micro:bit 主控板上循环亮灭 LED 点阵屏四个角处的 LED 灯，实现“闪烁的流水灯”的视觉效果。

6.2 所需硬件

（1）1×micro:bit 主控板

（2）1×micro USB 数据线

6.3 图形化积木学习

在本项目编程中，涉及积木区的积木（指令）如表 6-1 所示。

表6-1 项目使用的关键积木列表

所属模块	积木（指令）	积木功能
micro:bit		主程序积木，程序开始执行的地方，编写的程序放在主程序积木下面才起作用
micro:bit	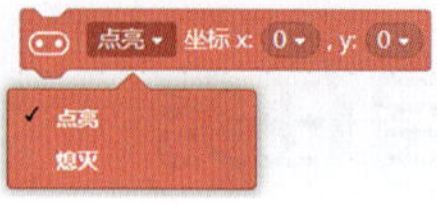	点亮或者熄灭 LED 点阵屏中任意一个 LED 灯，x 和 y 用于选择点亮或者熄灭哪一个 LED 灯，x 取值范围 0 ～ 4，y 取值范围 0 ～ 4
控制		循环执行积木，逐次执行其“肚中”的每个积木，直到最后，然后再从“肚中”的第 1 个积木执行，一直循环下去
控制		延时等待 1 秒（输入 0.5 即延时 0.5 秒，最小单位为 1 毫秒，即 0.001 秒）

6.4 图形化编程

按如下操作步骤，编写、上传程序到 micro:bit 主控板，运行观察现象。

首先按照 3.3 所示的基本操作步骤①～④将 micro:bit 主控板连接到电脑上。

然后编写项目的 Mind+ 程序，完整项目程序如图 6-2 所示。

编写好程序后，按照 3.3 所示的基本操作步骤⑥将程序上传到 micro:bit 主控板上。

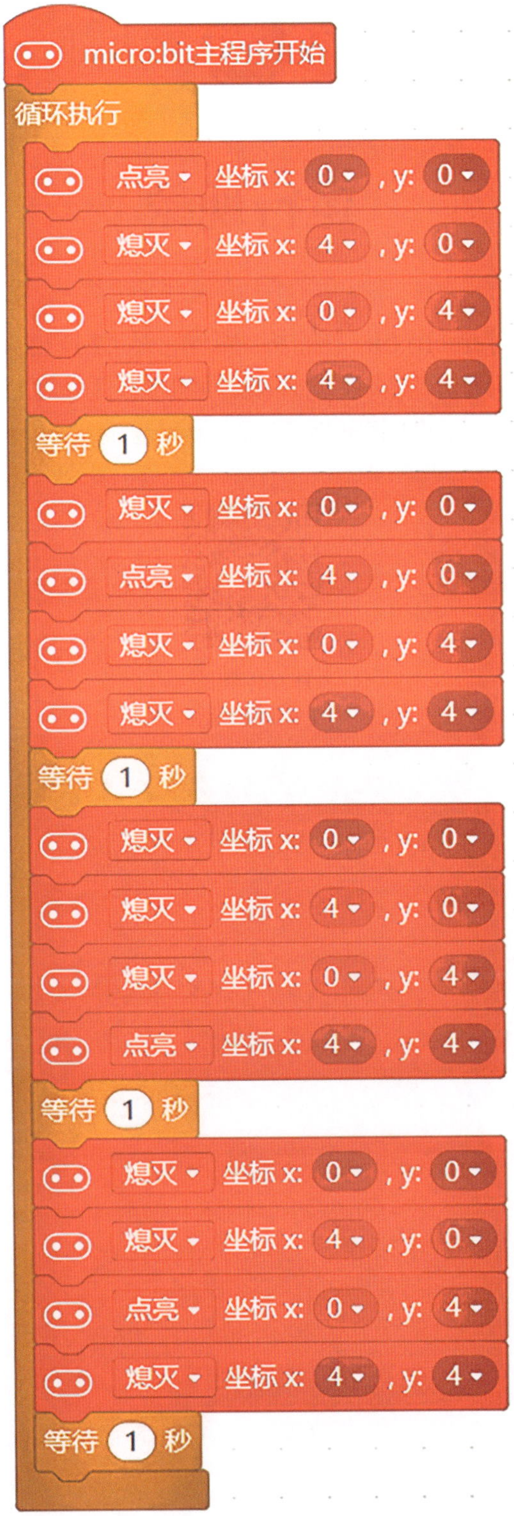

图 6-2　完整的项目 Mind+ 程序

6.5 运行现象

此时，可以看到 micro:bit 主控板循环亮灭 LED 点阵屏四个角处的 LED 灯，实现“闪烁的流水灯”的视觉效果。可以对任意 LED 灯独立编程控制来实现“跑马灯”等更多的创意作品。

独立控制的
LED 灯演示

第 7 章 炫彩的呼吸灯

micro:bit 主控板 LED 点阵屏除了可以独立控制任意一个 LED 灯的亮灭外，还可以控制任意一个 LED 灯的亮度。本章我们设计一个小项目：炫彩的呼吸灯。所谓呼吸灯，就是让灯有一个由亮到暗再到亮的逐渐变化的过程，感觉像是在均匀地呼吸。在代码编程中我们还将掌握如何创建“变量”，学完这一章，相信同学们能收获颇丰。

7.1 项目任务

本章项目的任务：micro:bit 主控板 LED 点阵屏中第 3 列（x 从 0 开始由左往右计数，x 为 2 表示第 3 列）、第 4 行（y 从 0 开始由上到下计数，y 为 3 表示第 4 行）的 LED 灯先从最暗（熄灭状态）逐渐到最亮，然后又从最亮到最暗，最后熄灭所有 LED 灯，程序结束。

7.2 所需硬件

（1）1×micro:bit 主控板

（2）1×micro USB 数据线

7.3 图形化积木学习

在本项目编程中，涉及积木区的积木（指令）如表 7-1 所示。

表7-1　项目使用的关键积木列表

所属模块	积木（指令）	积木功能
micro : bit	micro:bit主程序开始	主程序积木，程序开始执行的地方，编写的程序放在主程序积木下面才起作用
控制	重复执行 10 次	重复执行积木，重复执行其“肚中”的积木块，重复的次数为设置的参数
控制	等待 1 秒	延时等待 1 秒（输入 0.5 即延时 0.5 秒，最小单位为 1 毫秒，即 0.001 秒）
变量	变量 my float variable	名称为“my float variable”的变量，存放可以变化的值，右键点击可以修改变量名称或者删除该“my float variable”变量

续表

所属模块	积木（指令）	积木功能
变量		改变变量值的积木，下拉倒三角可以选择不同的变量、修改变量名或者删除该变量
变量	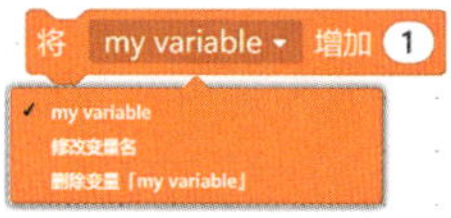	增加或减少所选变量的数值，下拉倒三角可以选择不同的变量、修改变量命名或者删除该变量
micro:bit		设置 LED 点阵屏中任意一个 LED 灯的亮度，取值范围 0 ～ 9，0 时最暗，9 时最亮
micro:bit	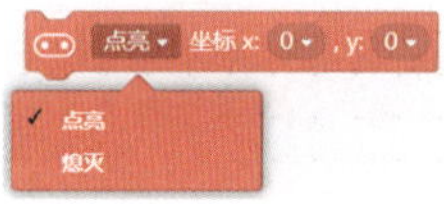	点亮或者熄灭 LED 点阵屏中任意一个 LED 灯，x 和 y 用于选择点亮或者熄灭哪一个 LED 灯，x 取值范围 0 ～ 4，y 取值范围 0 ～ 4
micro:bit		熄灭 LED 点阵屏中所有的 25 个 LED 灯

7.4 图形化编程

在本项目中，需要用到变量来保存逐渐改变的 LED 灯亮度，因此我们先来学习如何在 Mind+ 软件中新建变量，然后再进行本项目的图形化编程。变量可以看成装数字或者字符的“箱子”，“箱子”的名称即为变量名，往“箱子”里装数字或字符的过程，称为“设置变量的值”。变量示意图如图 7-1 所示，其中变量名为 a，设置 a 的值为数字 2。

（1）学习“新建变量”

① 如图 7-2 所示，点击“变量”→“新建数字类型变量”。

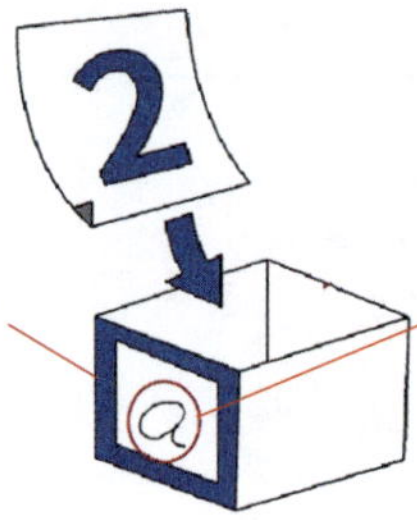

图 7-1 变量示意图

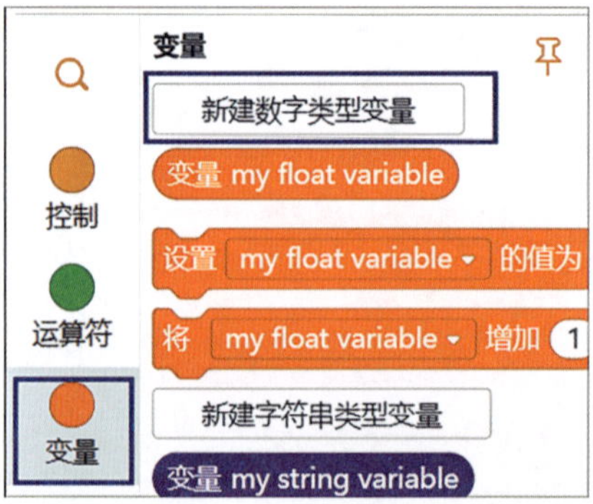

图 7-2 新建变量

② 输入合适的变量名。给变量命名时，可以用字母、数字、下划线开头，同时 Mind+ 支持中文命名。如图 7-3 所示，本项目定义的变量名为：“亮度值”。

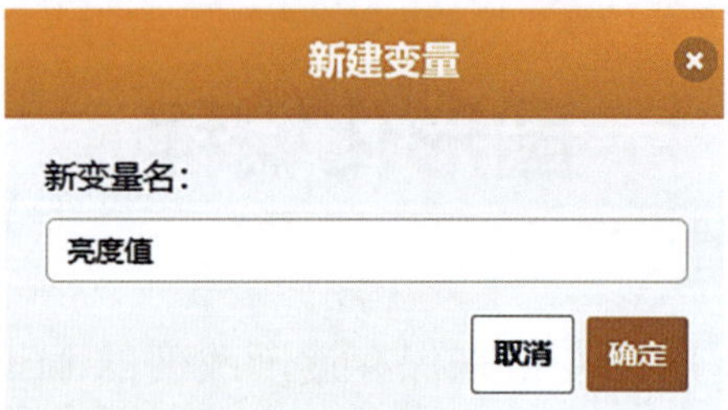

图 7-3 本项目中用到的变量命名为“亮度值”

③ “亮度值”变量已经建立好，出现在主界面左侧“积木区”，等待使用，如图 7-4 所示。

（2）本项目的图形化编程

按如下操作步骤，编写、上传程序到 micro:bit 主控板，运行观察现象。

首先按照 3.3 所示的基本操作步骤①～④将 micro:bit 主控板连接到电脑上。

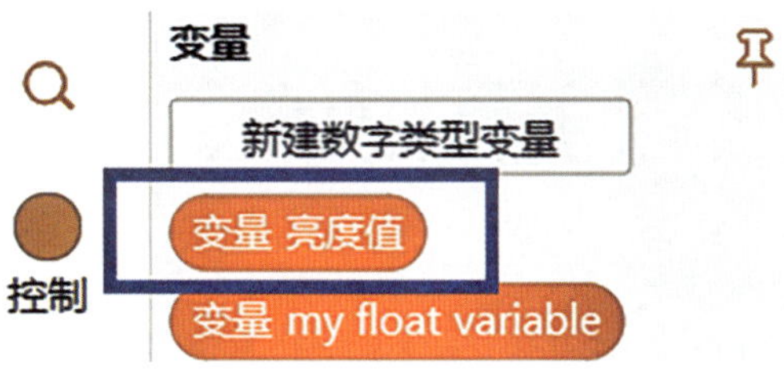

图 7-4　建立好的变量“亮度值”

然后编写项目的 Mind+ 程序，完整项目程序如图 7-5 所示。

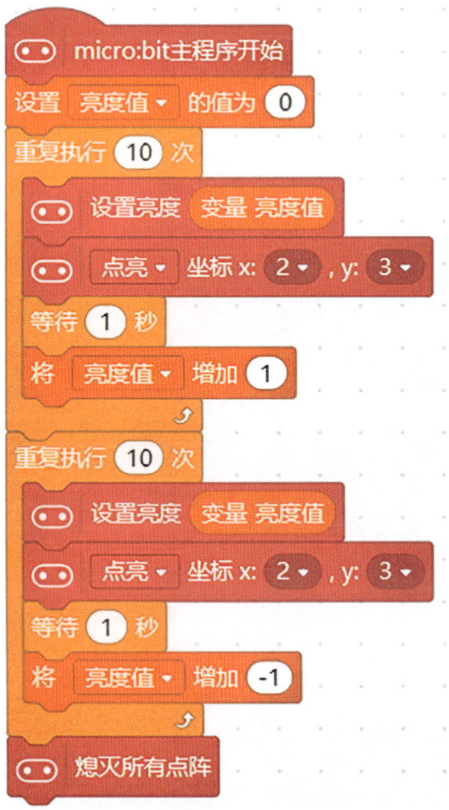

图 7-5　完整的项目 Mind+ 程序

编写好程序后，单击主界面中的“上传到设备”按钮，将程序上传到 micro:bit 主控板上。

7.5 运行现象

此时，可以看到 micro:bit 主控板 LED 点阵屏中第 3 列（x 从 0 开始由左往右计数，x 为 2 表示第 3 列）、第 4 行（y 从 0 开始由上到下计数，y 为 3 表示第 4 行）的 LED 灯先从最暗（熄灭状态）逐渐到最亮，然后又从最亮到最暗，最后熄灭所有 LED 灯，程序结束。可以对任意 LED 灯独立编程控制来实现“各式各样的呼吸灯”等更多的创意作品。

炫彩的呼吸灯演示

第 8 章
有趣的 AB 按钮

按钮是 micro:bit 硬件编程接触的第一个输入设备，具有按下和抬起两种状态。默认状态为抬起。生活中的按钮可以说无处不在，遥控器、计算器、手机、电脑等各种电子设备上的按键，都是按钮。本章通过项目学习，初步了解有趣的按钮。

8.1 按钮工作原理

按钮共有 4 个引脚，图 8-1 分别显示了按钮的正面与反面结构图。其中，1 脚和 4 脚内部是连在一起的，2 脚和 3 脚内部是连在一起的，在电路连接时，同时连接 1 脚和 2 脚，或者同时连接 3 脚和 4 脚。

按钮的工作原理如图 8-2 所示，一旦按下后，左右两侧就被导通了，此时 LED 灯被点亮；按钮抬起时，LED 灯灭，如图 8-3 所示。按钮就好像是一个“开关”，起到通断的作用，因此按钮也叫作“按钮开关”或者“按键”。

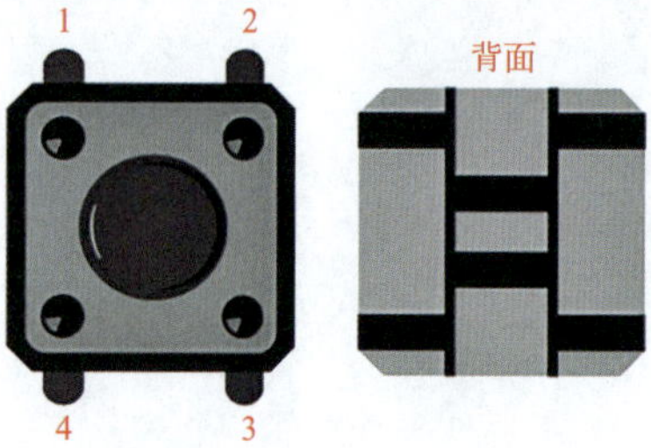

图 8-1　按钮正反面结构图

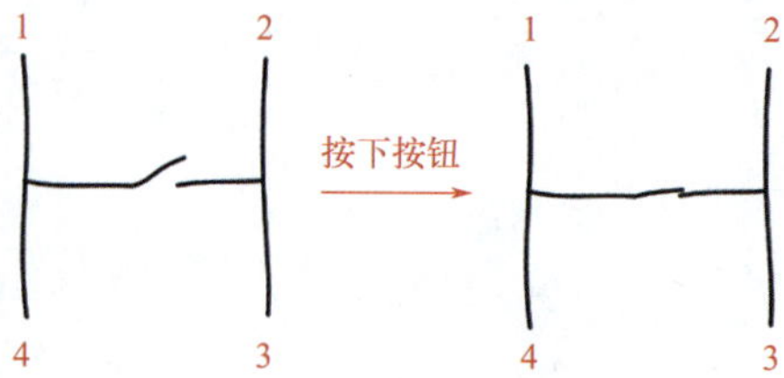

图 8-2　按钮工作原理

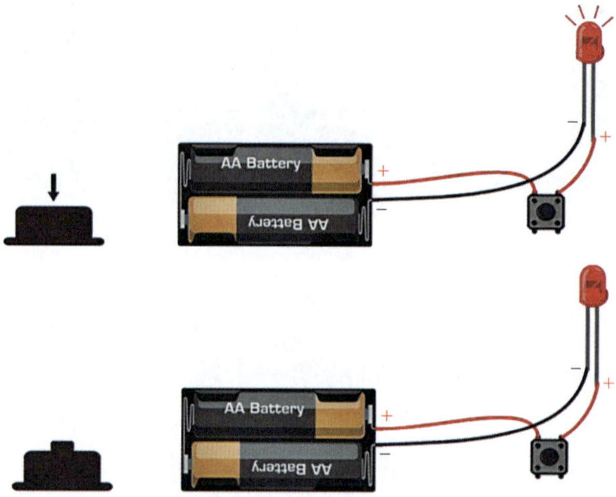

图 8-3　按钮按下 LED 灯亮，弹起时 LED 灯灭

8.2

项目任务

本项目的任务：基于 micro:bit 主控板自带的“A”和“B”两个按钮，通过 Mind+ 编程实现按下“A”按钮，LED 点阵屏上显示字母“A”；按下“B”按钮，LED 点阵屏上显示字母“B”；同时按下“A+B”按钮，LED 点阵屏上显示“笑脸”。

8.3 所需硬件

（1）1×micro:bit 主控板

（2）1×micro USB 数据线

8.4 图形化积木学习

在本项目编程中，涉及积木区的积木（指令）如表 8-1 所示。

表8-1　项目使用的关键积木列表

所属模块	积木（指令）	积木功能
micro:bit		对 micro:bit 主控板上的 25 个 LED 灯进行亮灭操作，进而实现不同点阵图案的显示
micro:bit		在 micro:bit 主控板的 LED 点阵屏上滚动显示编辑框中的内容，可修改成任意内容
micro:bit	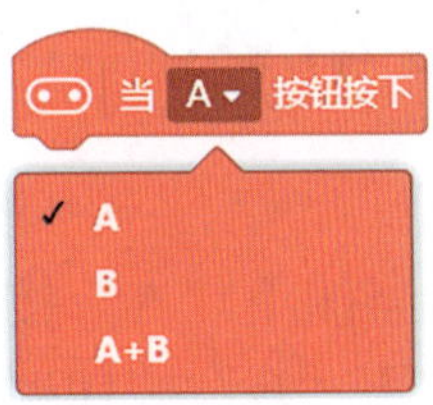	检测 micro:bit 主控板自带的按钮状态的积木。可检测“A”单独按下、“B”单独按下、“A+B”同时按下的状态

8.5 图形化编程

按如下操作步骤，编写、上传程序到 micro:bit 主控板，运行观察现象。

首先按照 3.3 所示的基本操作步骤①～④将 micro:bit 主控板连接到电脑上。

然后编写项目的 Mind+ 程序，本项目程序（部分）如图 8-4 所示。

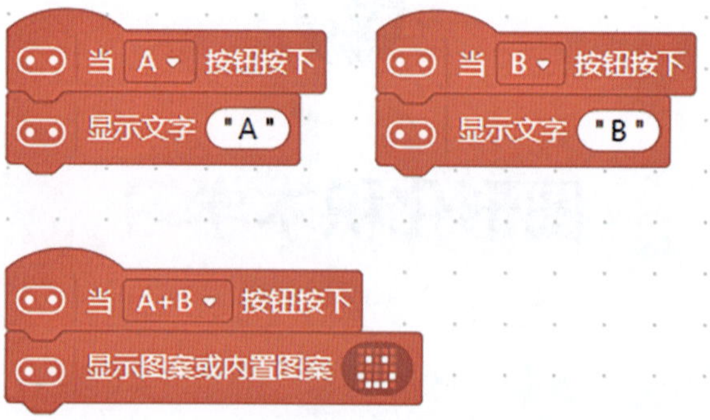

图 8-4　项目 Mind+ 程序（部分）

编写好程序后，单击主界面中的“上传到设备”按钮，将程序上传到 micro:bit 主控板上。

8.6 运行现象

此时，如图 8-5 所示，可以看到当按下“A”按钮时，在 LED 点阵屏上显示字母“A”；如图 8-6 所示，当按下“B”按钮时，在 LED 点阵屏上显示字母“B”；如图8-7所示，同时按下“A+B”按钮，在LED点阵屏上显示“笑脸”表情包。可以通过对 AB 按钮编程控制来实现 “计数器”“点唱机” 等更多的创意作品。

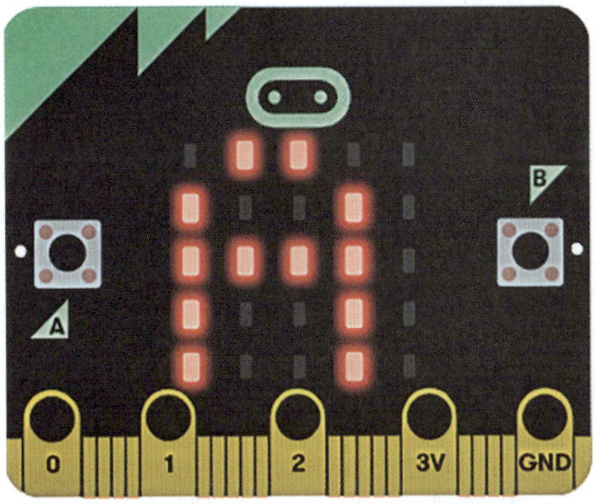

图 8-5　按下“A”按钮

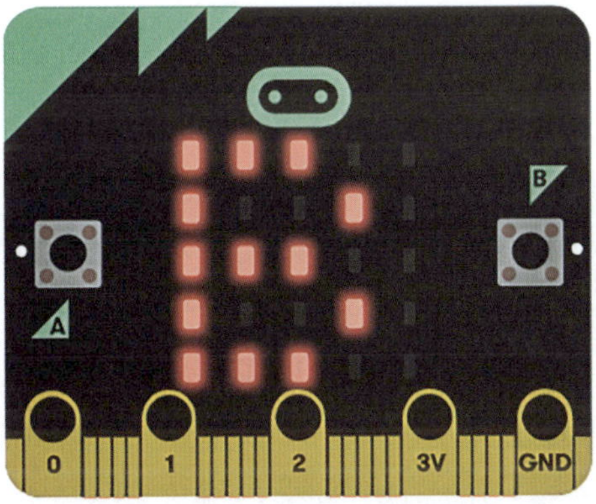

图 8-6　按下“B”按钮

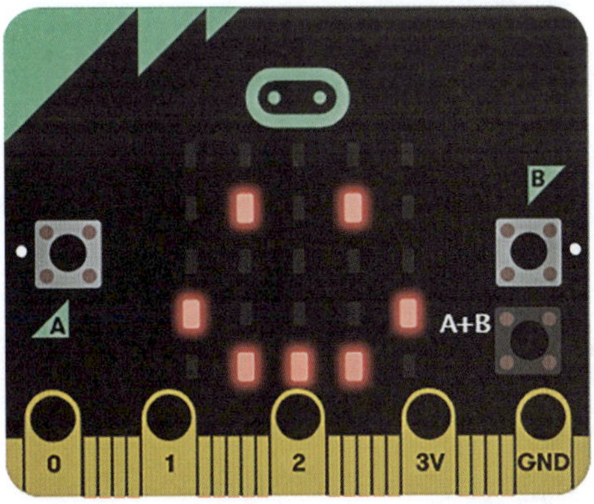

图 8-7　同时按下“A+B”按钮

有趣的 AB 按钮演示

第 9 章 环境光强度检测

传感器是一类电子元器件，其能够对周围环境（例如温度、声音、光照、距离、压力、重力、姿态、磁场、烟粉尘等）的变化做出反应，也就是说它能够将周围环境的变化变成电信号输出。正是因为有了它们，我们才可以根据这些传感器输出的信号来执行控制 LED 灯亮灭等任务，达到与环境互动、与世界互动的目的。micro:bit 主控板上集成了多种传感器，从本章开始我们来学习如何通过 Mind+ 编程控制传感器，进入各种物理信号与电子信号相互转换的传感器世界，相信同学们能收获颇丰。我们先学习 micro:bit 控制环境光强度的检测。

9.1 micro:bit 光检测原理

micro:bit 主控板本身不带光强度传感器，其对环境光强度的检测是通过

LED 点阵屏实现的，LED 点阵屏不但能发光，而且还能感应光线，会检测到环境的亮和暗，因此 LED 点阵屏能够读取到环境的光强度，光强度值的范围是 0 ～ 255。环境越暗，光强度值越小；环境越亮，光强度值越大。0 最暗，255 最亮。

9.2 项目任务

本项目的任务：采用 micro:bit 主控板检测外界环境光强度 *L*，当 *L* 大于等于 160 时（表明环境较亮），LED 点阵屏只点亮 1 个 LED 灯；当 *L* 大于 80 并且小于 160 时（表明环境较暗），LED 点阵屏点亮 9 个 LED 灯；当 *L* 小于等于 80 时（表明环境很暗），LED 点阵屏点亮全部 25 个 LED 灯。项目示意图如图 9-1 所示。

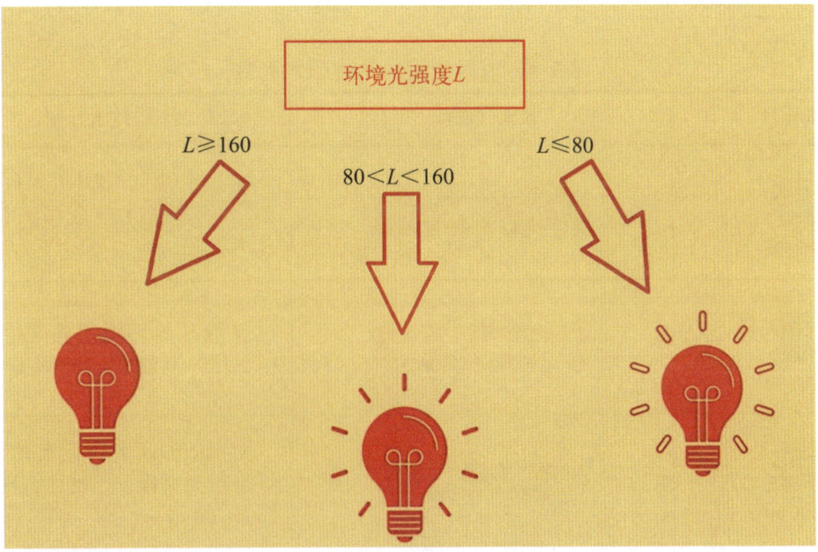

图 9-1　本项目任务示意图

9.3 所需硬件

（1）1×micro:bit 主控板

（2）1×micro USB 数据线

9.4 图形化积木学习

在本项目编程中，涉及积木区的积木（指令）如表 9-1 所示。

表9-1 项目使用的关键积木列表

所属模块	积木（指令）	积木功能
micro : bit	micro:bit主程序开始	主程序积木，程序开始执行的地方，编写的程序放在主程序积木下面才起作用
micro : bit	读取环境光强度	读取外界环境的光强度值，范围 0～255，0 最暗，255 最亮
micro : bit	显示图案或内置图案	对 micro:bit 主控板上的 25 个 LED 灯进行亮灭操作，进而实现不同点阵图案的显示
控制	循环执行	循环执行积木，逐次执行其“肚中”的每个积木，直到最后，然后再从“肚中”的第 1 个积木执行，一直循环下去

续表

所属模块	积木（指令）	积木功能
控制		条件判断积木，用于判断六边形框内条件是否成立。条件成立，则执行“肚中”的积木；条件不成立，则跳过该条件判断积木，执行后面的程序
运算符	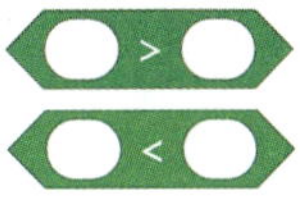	比较运算符积木：“＞”和“＜”，用于判断前面椭圆框输入内容与后面椭圆框输入内容的大小
运算符		比较运算符积木：“≥”和“≤”，用于判断前面椭圆框输入内容与后面椭圆框输入内容的大小
运算符		逻辑运算符积木：“与”，当前面六边形框内的条件与后面六边形框内的条件同时对（true），结果才对（true）；否则为错（false）
变量		改变变量值的积木，下拉倒三角可以选择不同的变量、修改变量名或者删除该变量

9.5 图形化编程

在本项目中，需要用到变量来保存读取的环境光强度值，前面章节我们学习了什么是变量，以及如何建立和使用变量。这里不再详细叙述。

（1）新建变量

① 如图 9-2 所示，点击“变量”→“新建数字类型变量”。

② 输入合适的变量名。如图 9-3 所示，本项目定义的变量名为：“光强度值”。

图 9-2　新建变量

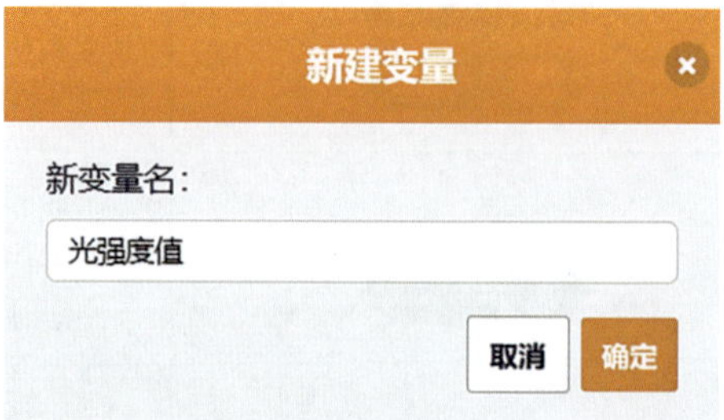

图 9-3　本项目中用到的变量命名为“光强度值”

③“光强度值”变量已经建立好，出现在主界面左侧“积木区”，等待使用，如图 9-4 所示。

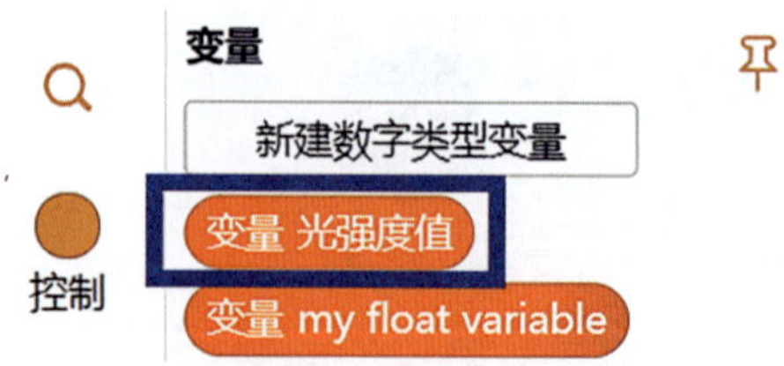

图 9-4　建立好的变量“光强度值”

（2）本项目的图形化编程

按如下操作步骤，编写、上传程序到 micro:bit 主控板，运行观察现象。

首先按照 3.3 所示的基本操作步骤①～④将 micro:bit 主控板连接到电脑上。

然后编写项目的 Mind+ 程序，完整项目程序如图 9-5 所示。

编写好程序后，单击主界面中的“上传到设备”按钮，将程序上传到 micro:bit 主控板上。

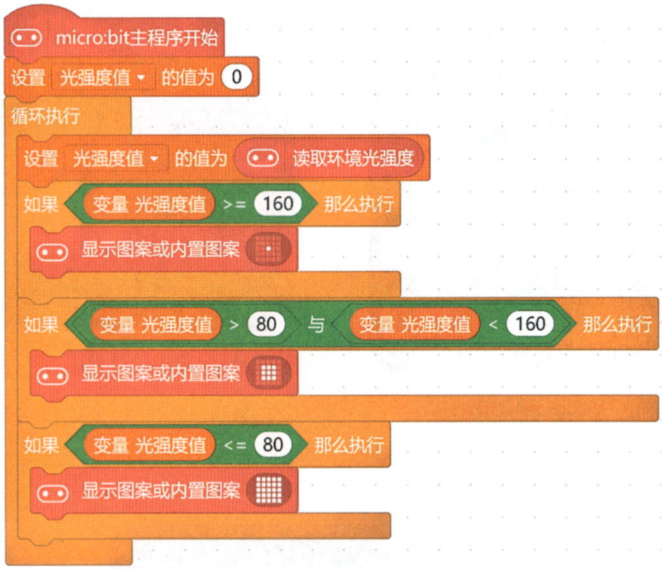

图 9-5　完整的项目 Mind+ 程序

9.6 运行现象

此时，程序实时采集外界环境光强度 *L*，并进行判断：

① 当 *L* 大于等于 160 时（环境较亮），LED 点阵屏只点亮 1 个 LED 灯；

② 当 *L* 大于 80 且小于 160 时（环境较暗），LED 点阵屏点亮 9 个 LED 灯；

③ 当 *L* 小于等于 80 时（环境很暗），LED 点阵屏点亮全部 25 个 LED 灯。

项目运行模拟示意图如图 9-6 ～图 9-8 所示。实际运行时，可以用手遮住 micro:bit 主控板上的 LED 点阵屏使得光强度变小，或者通过手电筒（或者手机自带的手电筒）对 LED 点阵屏照射使得光强度变大，模拟光强度的改变，进而使 LED 屏点亮不同的 LED 灯。可以利用环境光强度检测来实现“小夜灯”“光报警器”等更多的创意作品。

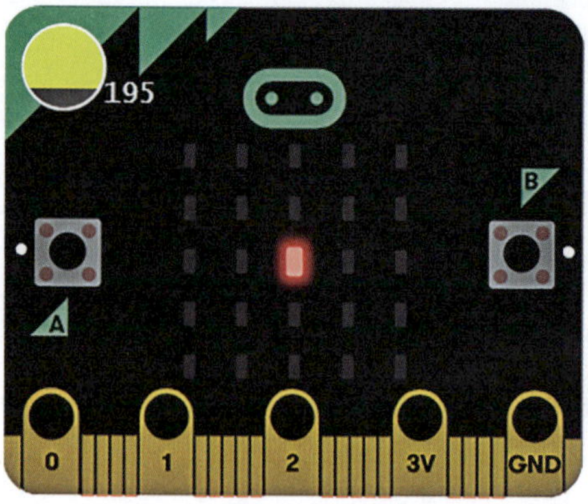

图 9-6　$L \geqslant 160$ 时现象

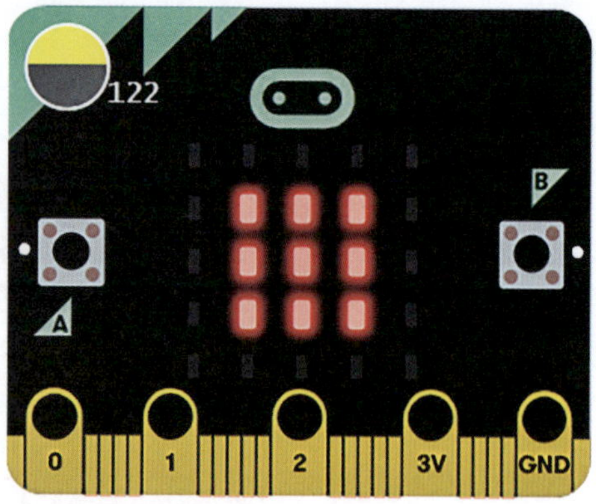

图 9-7　$80 < L < 160$ 时现象

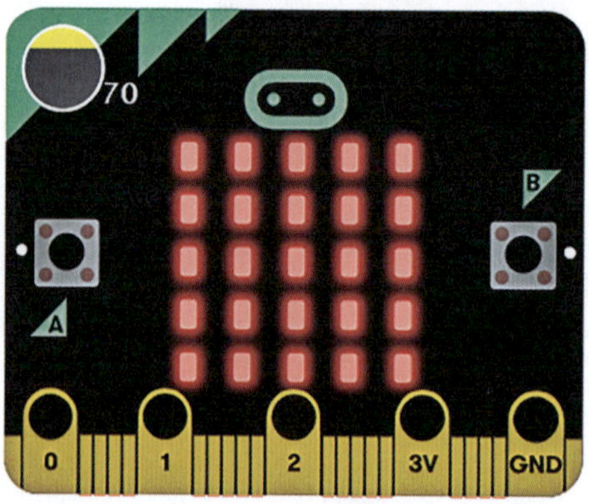

图 9-8　$L \leqslant 80$ 时现象

环境光强度检测演示

第 10 章 micro:bit 温度检测

本章我们进一步地学习如何通过 Mind+ 编程实现 micro:bit 板载的温度检测。

10.1 micro:bit 温度检测原理

如图 10-1 所示，第 2.2 节介绍过，micro:bit 主控板并不自带独立的温度传感器，而是采用微处理器内置的温度传感器进行温度检测，所以检测的温度实际上是更接近芯片的温度，可能与周围环境温度存在一定误差，但对于初学者学习和入门 micro:bit 硬件编程来说，这是完全够用的。检测的温度单位为摄氏度（℃），范围 -15 ～ 75℃。

图 10-1 微处理器内置的温度传感器

10.2 项目任务

本项目的任务：制作一个电子温度计，实时检测 micro:bit 主控板微处理器内部的温度（单位：摄氏度），并将温度值滚动显示到 LED 点阵屏上，精确到个位（只显示整数）。

10.3 所需硬件

（1）1×micro:bit 主控板

（2）1×micro USB 数据线

10.4 图形化积木学习

在本项目编程中，涉及积木区的积木（指令）如表 10-1 所示。

表10-1　项目使用的关键积木列表

所属模块	积木（指令）	积木功能
micro:bit	micro:bit主程序开始	主程序积木，程序开始执行的地方，编写的程序放在主程序积木下面才起作用
micro:bit	读取温度值(℃)	读取 micro:bit 主控板微处理器内部的温度值，单位为摄氏度（℃），范围 -15 ～ 75℃
micro:bit	显示文字 "hello world"	在 micro:bit 主控板的 LED 点阵屏上滚动显示编辑框中的内容，可修改成任意内容
控制	循环执行	循环执行积木，逐次执行其“肚中”的每个积木，直到最后，然后再从“肚中”的第 1 个积木执行，一直循环下去
控制	等待 1 秒	延时等待 1 秒（输入 0.5 即延时 0.5 秒，最小单位为 1 毫秒，即 0.001 秒）
运算符	将数字 132 转换为字符串	转换运算符积木：将数字转换为“字符串”。举例：数字 29.36 →字符串“29.36”
运算符	将字符串 "123" 转换为 整数（整数 / 小数）	转换运算符积木：将“字符串”转换为整数或者小数。举例：字符串“29.36” →整数 29
变量	变量 my float variable	名称为“my float variable”的变量，存放可以变化的值，右键点击可以修改变量名称或者删除该“my float variable”变量
变量	设置 my float variable 的值为 0（my float variable / 修改数字类型变量名 / 删除数字变量「my float variable」）	改变变量值的积木，下拉倒三角可以选择不同的变量、修改变量名或者删除该变量

10.5 图形化编程

在本项目中，需要用到变量来保存读取的温度值，前面章节我们学习了什么是变量，以及如何建立和使用变量。这里不再详细叙述。

（1）新建变量

① 如图 10-2 所示，点击“变量”→“新建数字类型变量”。

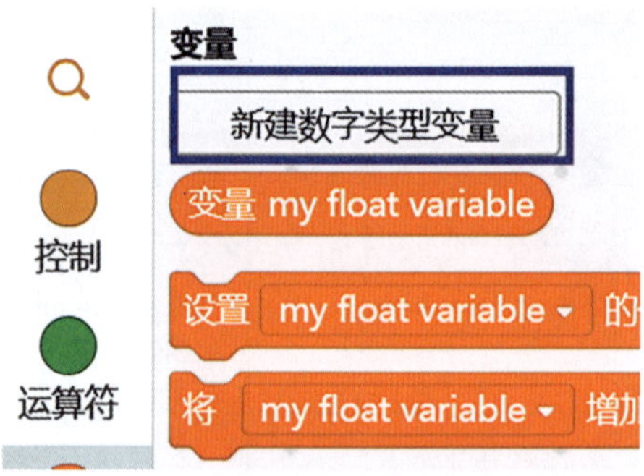

图 10-2　新建变量

② 输入合适的变量名。如图 10-3 所示，本项目定义的变量名为：“温度值”。

图 10-3　本项目中用到的变量命名为“温度值”

③“温度值”变量已经建立好，出现在主界面左侧“积木区”，等待使用，如图 10-4 所示。

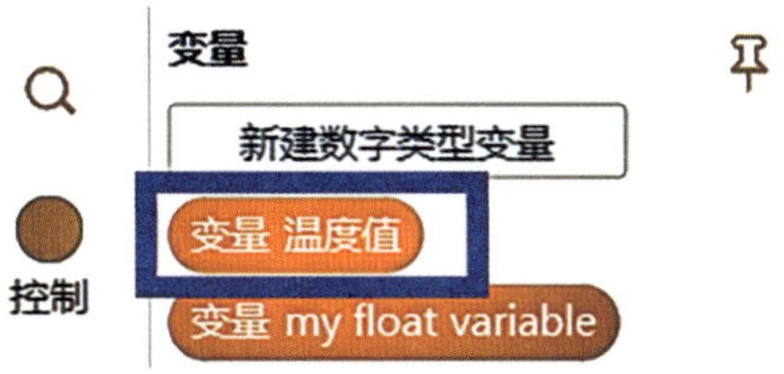

图 10-4　建立好的变量"温度值"

（2）本项目的图形化编程

按如下操作步骤，编写、上传程序到 micro:bit 主控板，运行观察现象。

首先按照 3.3 所示的基本操作步骤①～④将 micro:bit 主控板连接到电脑上。

然后编写项目的 Mind+ 程序，完整项目程序如图 10-5 所示。

图 10-5　完整的项目 Mind+ 程序

编写好程序后，单击主界面中的"上传到设备"按钮，将程序上传到 micro:bit 主控板上。

10.6 运行现象

项目运行后，程序实时检测 micro:bit 主控板微处理器内部的温度（单位：摄氏度），并将温度值滚动显示到 LED 点阵屏上，精确到个位（只显示整数）。

项目运行的模拟示意图如图 10-6 所示。实际运行时，可以用手遮住 micro:bit 主控板上的微处理器，使得芯片内部温度升高，进而 LED 点阵屏滚动显示的数字也变大。可以针对温度检测来实现“温度报警器”“温度记录器”等更多的创意作品。

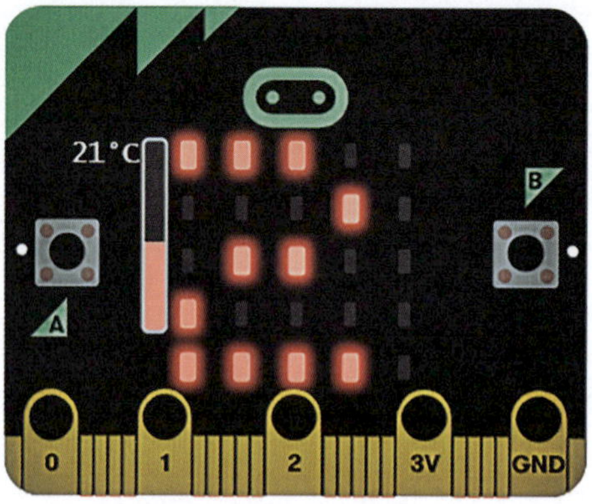

图 10-6 micro:bit 温度检测

micro:bit 温度检测演示

第 11 章 实用的加速度计

本章我们进一步地学习如何通过 Mind+ 编程实现 micro:bit 板载加速度计应用。

11.1 板载加速度计简介

如图 11-1 所示，第 2.2 节介绍过，micro:bit 主控板上配备有一个加速度计，其主要的功能就是检测 micro:bit 主控板上下、左右、前后方向的运动姿态（例如：倾斜、摇晃、自由落体等）。如图 11-2 所示，左右方向的移动称为 X 轴，前后方向的移动称为 Y 轴，上下方向的移动称为 Z 轴。编程时，若某个方向处于倾斜状态，加速度计会在该方向上读取到一个正数或者负数（范围：-1023 ～ 1023）；当读取的数为 0 的时候，说明在该方向上是水平的。

图 11-1　板载加速度计

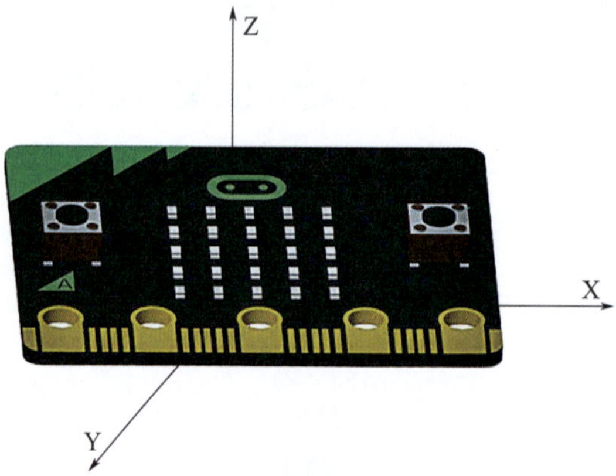

图 11-2　X/Y/Z 轴运动示意图

11.2 项目任务

根据加速度计能够检测 micro:bit 主控板在空间中的位置以及移动方向，设定本项目的任务：制作一个作品，晃动 micro:bit 主控板，实现“石头剪刀布”的小游戏。具体的过程：

① 当加速度计检测到 micro:bit 主控板“向左倾斜”（注意：向左倾斜是

指 micro:bit 主控板正面朝上，徽标朝前，然后再往左边倾斜），则在 LED 点阵屏上显示“剪刀”图案；

② 当加速度计检测到 micro:bit 主控板“向右倾斜”（注意：向右倾斜是指 micro:bit 主控板正面朝上，徽标朝前，然后再往右边倾斜），则在 LED 点阵屏上显示“石头”图案；

③ 当加速度计检测到 micro:bit 主控板“摇一摇”，则在 LED 点阵屏上显示“布”图案。

11.3 所需硬件

（1）1×micro:bit 主控板

（2）1×micro USB 数据线

11.4 图形化积木学习

在本项目编程中，涉及积木区的积木（指令）如表 11-1 所示。

表11-1　项目使用的关键积木列表

所属模块	积木（指令）	积木功能
micro:bit	micro:bit主程序开始	主程序积木，程序开始执行的地方，编写的程序放在主程序积木下面才起作用

续表

所属模块	积木（指令）	积木功能
micro:bit	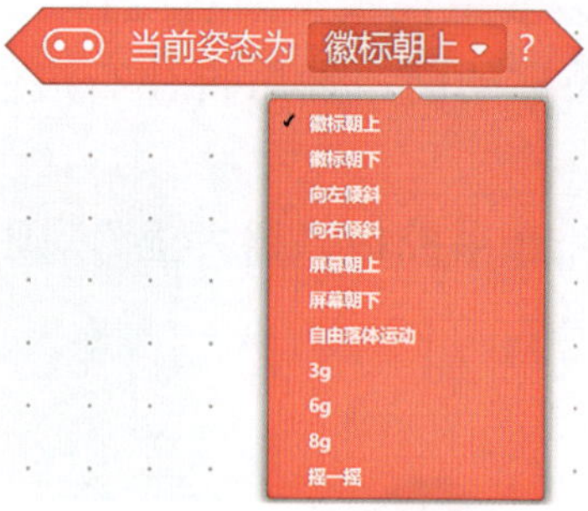	检测 micro:bit 主控板当前的姿态，分为：“徽标朝上”“徽标朝下”“向左倾斜”“向右倾斜”“屏幕朝上”“屏幕朝下”“自由落体运动”“3 倍重力加速下落”“6 倍重力加速下落”“8 倍重力加速下落”“摇一摇”共 11 种状态
micro:bit		对 micro:bit 主控板上的 25 个 LED 灯进行亮灭操作，进而实现不同点阵图案的显示
控制		循环执行积木，逐次执行其“肚中”的每个积木，直到最后，然后再从“肚中”的第 1 个积木执行，一直循环下去
控制		条件判断积木，用于判断六边形框内条件是否成立。条件成立，则执行“肚中”的积木；条件不成立，则跳过该条件判断积木，执行后面的程序

11.5 图形化编程

按如下操作步骤，编写、上传程序到 micro:bit 主控板，运行观察现象。

首先按照 3.3 所示的基本操作步骤①～④将 micro:bit 主控板连接到电脑上。

然后编写项目的 Mind+ 程序，完整项目程序如图 11-3 所示。

编写好程序后，单击主界面中的“上传到设备”按钮，将程序上传到

micro:bit 主控板上。

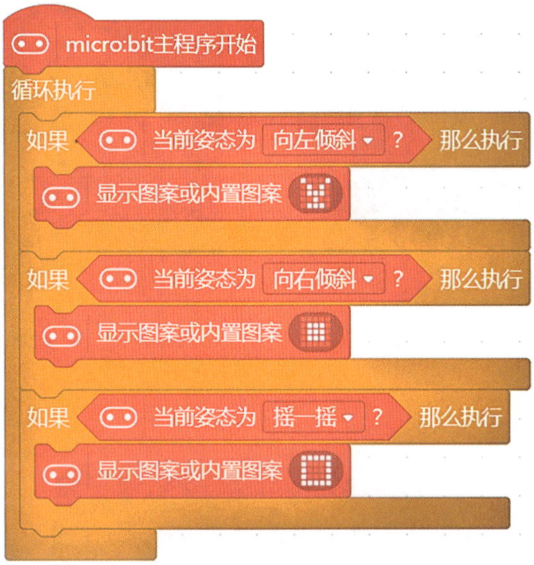

图 11-3　完整的项目 Mind+ 程序

11.6

运行现象

项目运行后，实现了“石头剪刀布”的小游戏。如图 11-4 ～图 11-6 模拟所示，具体的操作过程如下：

① 将 micro:bit 主控板“向左倾斜”（实际操作中向左倾斜角度大一些），则在 LED 点阵屏上显示“剪刀”图案；

② 将 micro:bit 主控板“向右倾斜”（实际操作中向右倾斜角度大一些），则在 LED 点阵屏上显示“石头”图案；

③ 将 micro:bit 主控板“摇一摇”，则在 LED 点阵屏上显示“布”图案。

可以针对加速度计来实现 “倾斜报警器”“水平仪”等更多的创意作品。

图 11-4　向左倾斜显示“剪刀”

图 11-5　向右倾斜显示“石头”

图 11-6　摇一摇显示“布”

实用的加速度
计演示

第 12 章 好玩的电子罗盘

本章我们进一步学习 micro:bit 主控板自带的传感器——电子罗盘的编程控制。

12.1 电子罗盘简介

如图 12-1 所示，第 2.2 节介绍过，micro:bit 主控板上配备有一个电子罗盘，也称为指南针，其工作方式和航海时用的罗盘相似，它能够相对准确地探测出地球磁场，从而发现自己所处的位置方向。需要注意的是，micro:bit 主控板上的电子罗盘误差较大，仅适用于演示该功能，若用于产品开发，须外接更高精度的电子罗盘硬件。如图 12-2 所示，可以通过编程读取电子罗盘返回的方向数据，该数据是 micro:bit 主控板 Y 轴与正北方向的夹角，其范围是 0 ～ 360° 。按照“上北下南左西右东”的地图方向规则，其中 micro:bit 主控板 Y 轴指向“北”方时电子罗盘的数据为 0° ，Y 轴顺时针旋转时，方向数据逐渐增大到 360°，如图 12-3 所示，四个特殊方向所对应的电子罗盘数据如下：

① micro:bit 主控板 Y 轴指向“北”方时，电子罗盘数据为 0°；

② micro:bit 主控板 Y 轴指向“东”方时，电子罗盘数据为 90°；

③ micro:bit 主控板 Y 轴指向“南”方时，电子罗盘数据为 180°；

④ micro:bit 主控板 Y 轴指向“西”方时，电子罗盘数据为 270°。

图 12-1　板载电子罗盘

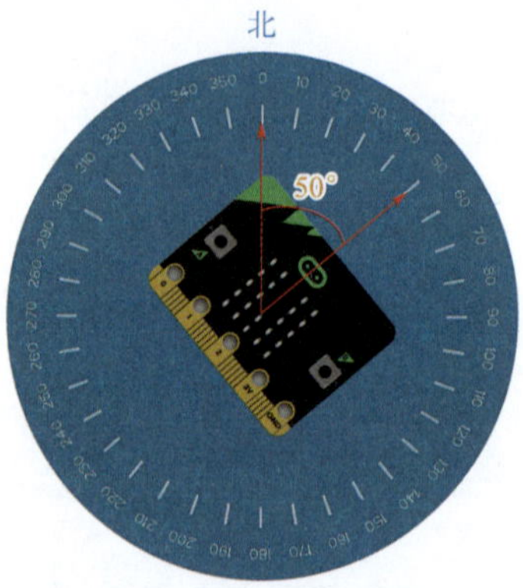

图 12-2　电子罗盘数据

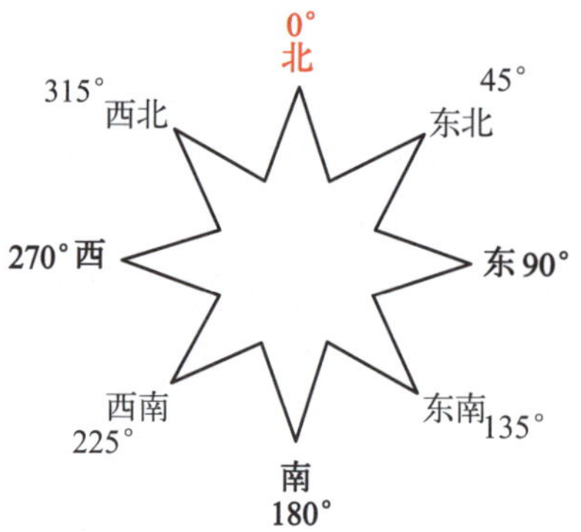

图 12-3　电子罗盘方向示意图

12.2 电子罗盘校准

需要注意的是，每次使用电子罗盘时，必须对其进行“校准”，才能确保电子罗盘的结果是正确的。“校准”过程：将 micro:bit 主控板旋转或晃动，通过重力感应将所有的 LED 灯点亮。全部点亮后会显示笑脸图案，随后 LED 灯全部熄灭，即为校准完成。

12.3 项目任务

根据电子罗盘的工作原理，设定本章项目的任务：制作一个 micro:bit 指向器。具体的过程：将 micro:bit 主控板正面（带 LED 点阵屏的一面）朝上并水平放置，转动 micro:bit 主控板会在 LED 点阵屏上显示不同的指向图案。

12.4 所需硬件

（1）1×micro:bit 主控板

（2）1×micro USB 数据线

12.5 图形化积木学习

在本章项目编程中，涉及积木区的积木（指令）如表 12-1 所示。

表12-1　本章两个项目使用的关键积木列表

所属模块	积木（指令）	积木功能
micro:bit	micro:bit主程序开始	主程序积木，程序开始执行的地方，编写的程序放在主程序积木下面才起作用
micro:bit	校准电子罗盘	用于校准电子罗盘的积木，每次使用“电子罗盘”功能前，需要进行校准
micro:bit	读取指南针朝向(°)	电子罗盘又叫“指南针”，该积木读取电子罗盘指向的方向角度，范围 0 ～ 360°
micro:bit	读取磁力计的值(μT) x x y z 强度	该积木读取电子罗盘在 x 轴、y 轴、z 轴方向以及总的原始传感器数据值（单位：微特斯拉，μT），范围是 -1000 ～ 1000μT
micro:bit	显示图案或内置图案	对 micro:bit 主控板上的 25 个 LED 灯进行亮灭操作，进而实现不同点阵图案的显示
micro:bit	熄灭所有点阵	熄灭 LED 点阵屏中所有的 25 个 LED 灯
控制	循环执行	循环执行积木，逐次执行其“肚中”的每个积木，直到最后，然后再从“肚中”的第 1 个积木执行，一直循环下去

续表

所属模块	积木（指令）	积木功能
控制		当六边形空格里条件对（true），则执行其中的程序块；如果条件错（false），若达到另外的判断条件则执行另外的内容。对应多重判断。点击“+”号可添加更多判断条件
控制	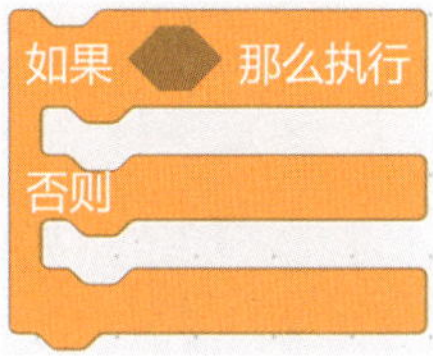	条件判断积木，用于判断六边形框内条件是否成立。条件成立，则执行第 1 个“肚中”的积木；条件不成立，则执行第 2 个“肚中”的积木
控制		延时等待 1 秒（输入 0.5 即延时 0.5 秒，最小单位为 1 毫秒，即 0.001 秒）
运算符	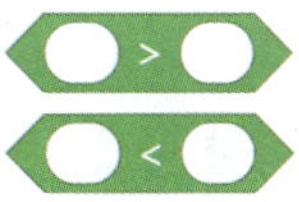	比较运算符积木：“＞”和“＜”，用于判断前面椭圆框输入内容与后面椭圆框输入内容的大小
运算符		比较运算符积木：“≥”，用于判断前面椭圆框输入内容与后面椭圆框输入内容的大小
运算符		逻辑运算符积木：“与”，当前面六边形框内的条件与后面六边形框内的条件同时对（true），结果才对（true）；否则为错（false）
变量		名称为“my float variable”的变量，存放可以变化的值，右键点击可以修改变量名称或者删除该“my float variable”变量
变量	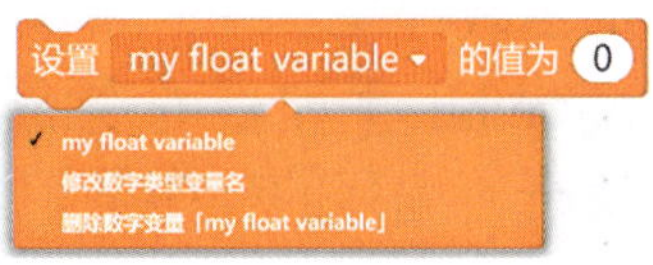	改变变量值的积木，下拉倒三角可以选择不同的变量、修改变量名或者删除该变量

是一个多重条件控制积木，其使用方法如图 12-4 所示。

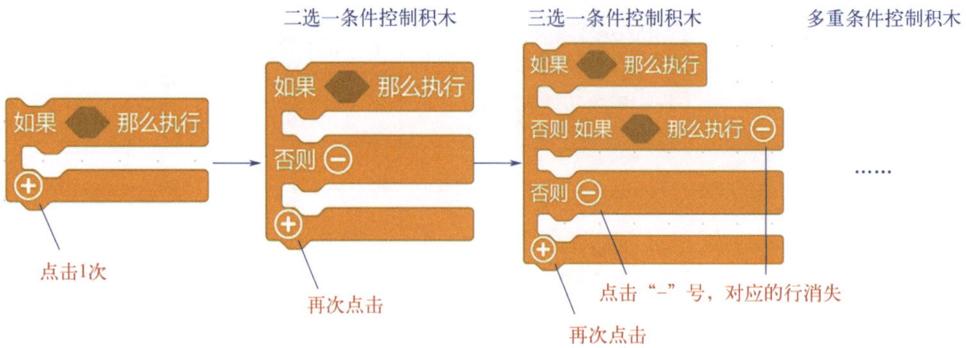

图 12-4　多重条件控制积木

12.6 图形化编程

按如下操作步骤，编写、上传程序到 micro:bit 主控板，运行观察现象。

首先按照 3.3 所示的基本操作步骤①～④将 micro:bit 主控板连接到电脑上。

然后编写项目的 Mind+ 程序，完整项目程序如图 12-5 所示。

编写好程序后，单击主界面中的“上传到设备”按钮，将程序上传到 micro:bit 主控板上。

将程序“上传到设备”成功后，如图 12-6 所示，Mind+ 编程软件会立即弹出进行“校准电子罗盘”的操作提示界面，并在界面右下角设置按钮——“操作演示”，若点击该按钮，则弹出如图 12-7 所示的“电子罗盘校准视频演示”教程，看完后点击右上角的“退出教程”。

然后按照视频所演示，调整 micro:bit 主控板的姿态，直到所有的 LED 灯都点亮，校准完毕。此时，可以执行所编写的程序了。

图 12-5　完整的项目 Mind+ 程序

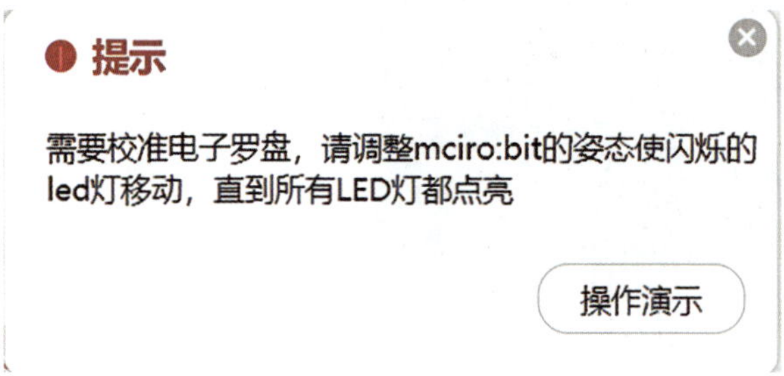

图 12-6　“校准电子罗盘”操作提示界面

图 12-7　电子罗盘校准视频演示

12.7

运行现象

项目运行后，实现了“指向器”的功能。具体的操作过程：将 micro:bit 主控板正面（带 LED 点阵屏的一面）朝上并水平放置，转动 micro:bit 主控板会在 LED 点阵屏上显示不同的指向图案。如图 12-8、图 12-9 所示。

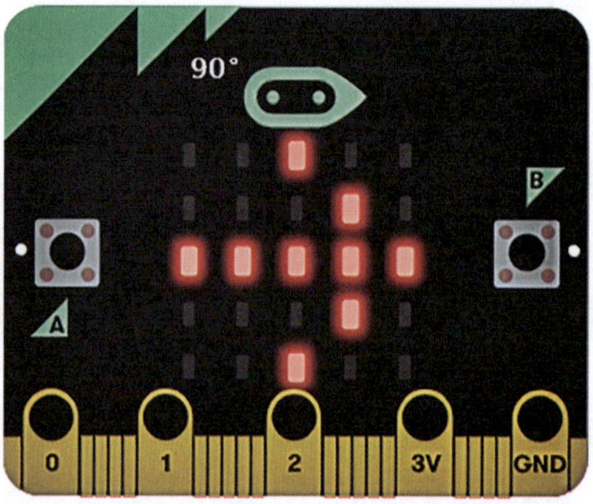

图 12-8 指向东

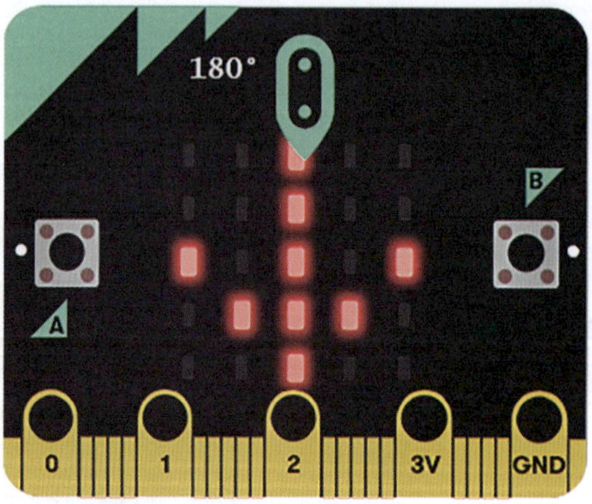

图 12-9 指向南

12.8 任务扩展

电子罗盘实际是一个能测量磁场强度的传感器，我们还可以利用电子罗盘制作一个“金属探测器”：当读取磁力计的强度值大于阈值时，在 LED 点阵屏上显示一个闪烁的“！”，表示警告；小于阈值时则不显示“！”。其程序如图 12-10 所示。

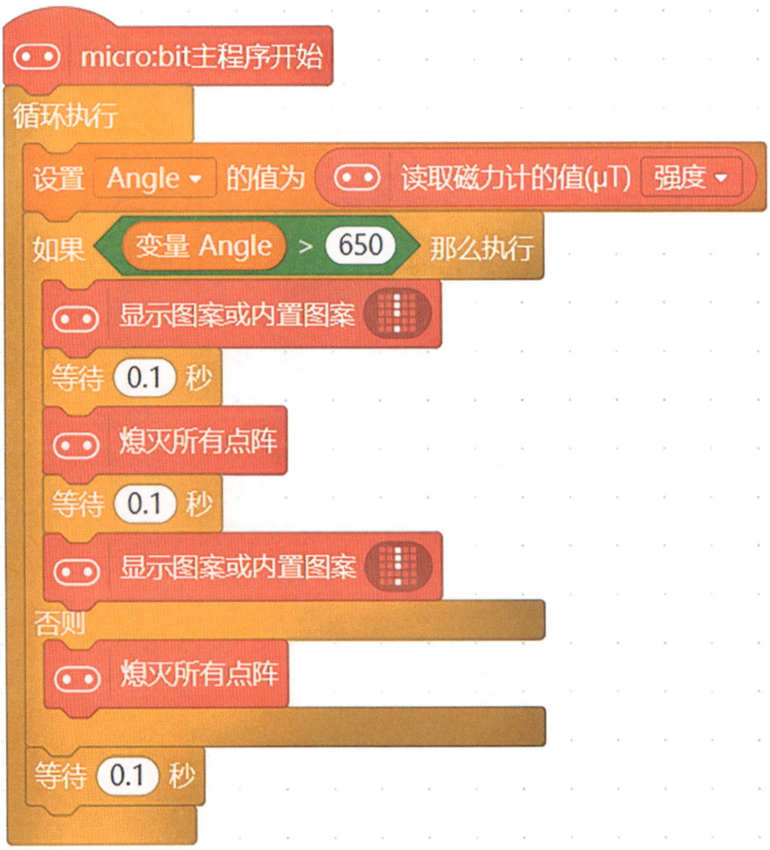

图 12-10　“金属探测器”项目的 Mind+ 程序

如图 12-11 所示，项目运行后，实现了“金属探测器”的功能。

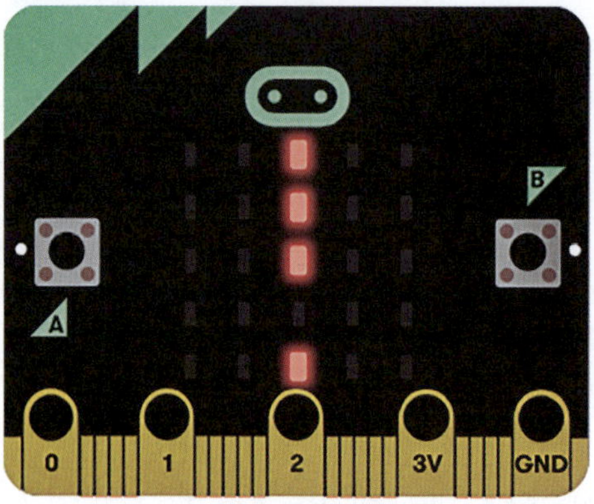

图 12-11 “金属探测器”运行现象

好玩的电子罗盘演示

第三篇
micro:bit
进阶提高

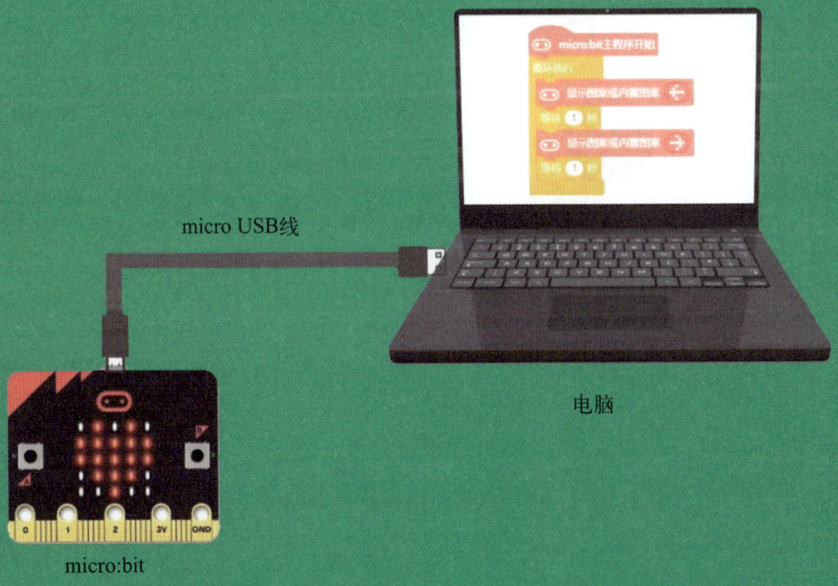

第 13 章 扩展板与电子积木

通过前面章节的学习，我们学会了编程控制 micro:bit 主控板上自带的硬件。在很多场合和场景中，我们经常使用各种电子积木来快速实现复杂的科技创意作品。本章为 micro:bit 进阶，首先我们了解 micro:bit 扩展板与电子积木。

13.1 micro:bit 扩展板

(1) micro:bit 主控板引脚

micro:bit 主控板自带 1 个 3V 电源引脚、1 个 GND 引脚、3 个输出引脚（数字 / 模拟导电环，标号 0、1、2）以及 20 个小引脚，共计 25 个引脚，图 13-1 为 micro:bit 主控板的引脚分布图。

① 3V 电源引脚：输出稳定的 3V 电压，供外接各种电子积木使用。

② GND 引脚：接地线，形成电路回路使用。

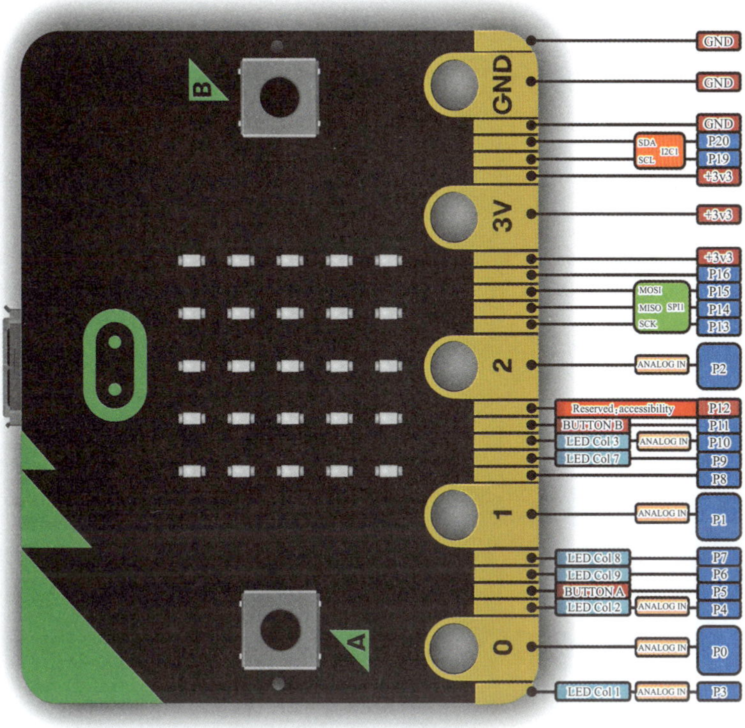

图 13-1 micro:bit 主控板引脚分布图

③ 0、1、2 引脚：3 个输出引脚，也叫数字 / 模拟导电环，支持数字读写和模拟读写功能。

通过引脚分布图，我们可以看到除了①②③中介绍的这 5 个大引脚外，有 13 个引脚被 micro:bit 主控板占用，分别是：P3 ～ P7、P9 ～ P11、P13 ～ P15、P19 ～ P20。因此需要注意的是，由于以上引脚存在复用性，当以上引脚外接其他硬件时，micro:bit 主控板对应的板载硬件将不可以使用。

常用于外接各种数字电子积木等硬件的数字输入输出引脚是：P0 ～ P2、P8、P12、P16。常用于外接各种模拟传感器等硬件的模拟输入引脚是：P0 ～ P2、P3、P4、P10。

（2）micro:bit 主控板的使用限制

① micro:bit 主控板本身的供电和信号电压为 3.3V，无法直接和常用的 5V 电子元器件一起使用；

② micro:bit 主控板自身的驱动能力较差，无法直接驱动电机、舵机等大电流设备；

③ micro:bit 主控板自带 25 个引脚，由于这些引脚直接用导线外接各种电子积木非常不方便，因此需要配合 micro:bit 扩展板来进行复杂的科技作品

创作。

（3）micro:bit 扩展板的优势

① micro:bit 扩展板能将 micro:bit 额外的引脚引出，即插即用，简单快捷；

② micro:bit 扩展板含有扩展接口，连接稳定性更强；

③ 提供 DC 头和 USB 两种供电口，能为外部元器件提供额外的供电，更好地支持电机、舵机等大电流设备。

本书使用的 micro:bit 扩展板实物如图 13-2 所示，硬件接口图如图 13-3 所示。

图 13-2　micro:bit 扩展板实物图

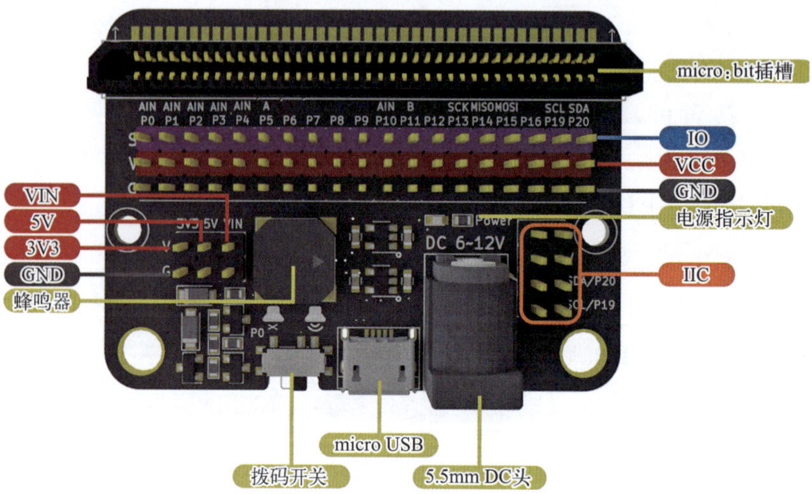

图 13-3　micro:bit 扩展板硬件接口图

具体的 micro:bit 扩展板配置如图 13-4、图 13-5 所示。

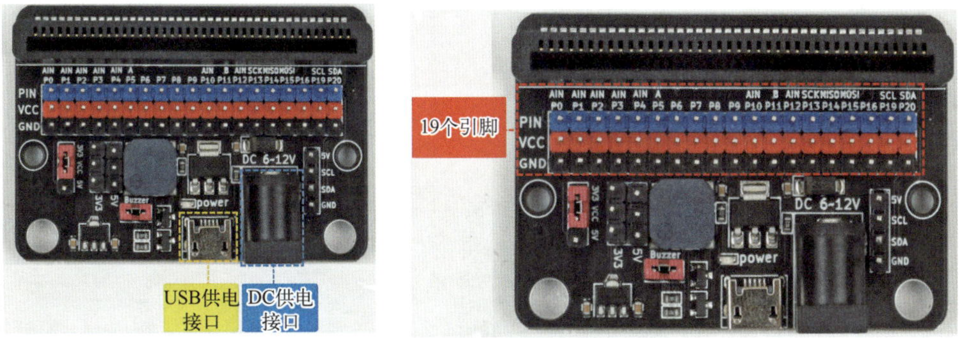

图 13-4　micro:bit 扩展板详细配置 1

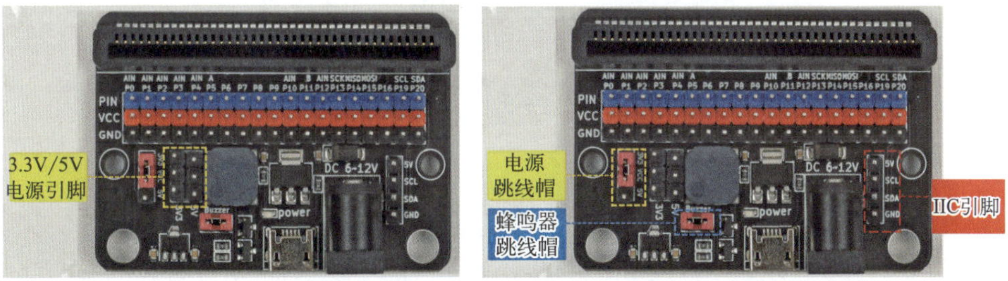

图 13-5　micro:bit 扩展板详细配置 2

① 供电插口：扩展板有两种供电方式，在使用的过程中，可以使用 USB 供电或者 DC 头的电池。

② 19 个引脚：把 micro:bit 主控板所有引脚全部引出，并且每个引脚都有相应的标号以及引脚功能的简单标识。引脚的蓝色线代表数字 / 模拟引脚、红色线代表 VCC、黑色线代表 GND。

③ 3.3V/5V 电源引脚：在学习过程中，如果使用需要 5V 电压的电子积木，可以通过杜邦线连接在扩展板的 5V 接口；如果需要 3.3V 电压的电子积木，可以通过杜邦线连接在扩展板的 3V3 接口。

④ 跳线帽：扩展板有两个跳线帽，第一个跳线帽是用来控制扩展板中的 VCC 电压值，可以选择连接 3.3V 或 5V；第二个跳线帽是用来控制板载无源蜂鸣器的，当跳线帽连接 Buzzer 引脚时，扩展板上的无源蜂鸣器与 micro:bit 主控板的 P0 脚接通，可以用来编程播放音乐。

⑤ IIC 引脚：扩展板引出了 IIC 通信的 4 个引脚，分别是 5V 引脚、SCL

引脚、SDA 引脚、GND 引脚。

micro:bit 主控板与扩展板的连接实物图（注意 micro:bit 主控板的正反面顺序）如图 13-6 所示。

图 13-6　micro:bit 主控板与扩展板连接实物图

通过扩展板可以轻松连接传感器、执行器、显示器等各种电子积木，实现创意科技作品。micro:bit 扩展板与电子积木的连接图如图 13-7 所示。

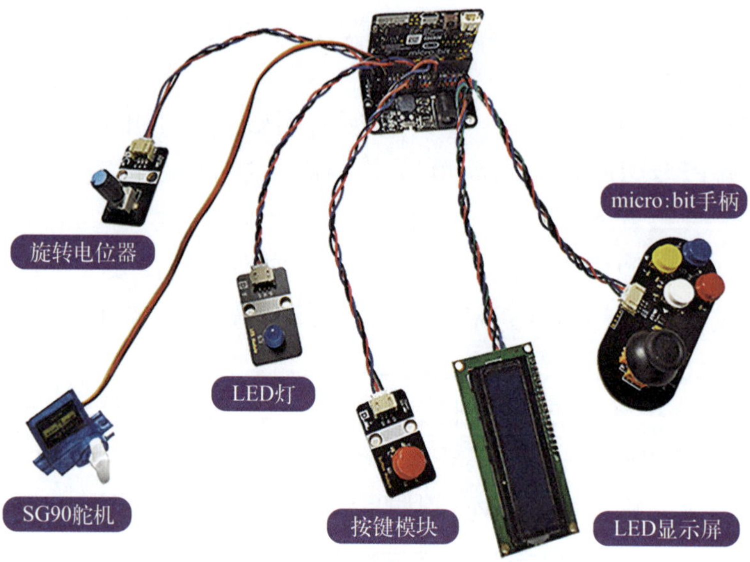

图 13-7　micro:bit 扩展板与各种电子积木连接图

13.2 电子积木

电子积木（也叫电子模块）是带有焊接好电子元器件的小型电路板。例如，LED 灯电子积木的实物图如图 13-8 所示。

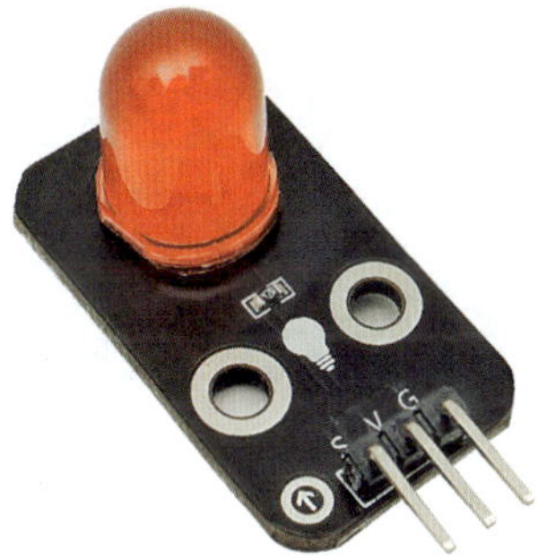
图 13-8　LED 灯电子积木（模块）实物图

以 LED 灯电子积木（模块）的制作为例，讲解各种电子积木（模块）的制作过程，主要分为如下步骤：

① 将 LED 灯、限流电阻等电子元器件通过导线连接成电路的过程使用电路符号绘制出来，就形成了电路原理图（SCH 图）；

② 依据电路原理图绘制印制电路板图（PCB 图）；

③ 将 PCB 图送加工厂进行加工，做成 PCB 电路空板（实物）；

④ 使用电烙铁将 LED 灯、电阻等电子元器件焊接到 PCB 电路空板上，然后通电测试无误，形成电子积木（模块）。

扩展板与电子积木演示

第 14 章 LED 灯电子积木

本章我们以 LED 灯电子积木为例，通过 micro:bit 扩展板进阶，学习如何驱动输入器、显示器、执行器等各种电子积木（模块）。

14.1 LED 发光原理

LED，是“发光二极管”的英文简称。二极管是一种只允许电流从一个方向流进的电子器件。它就像一个水流系统中的单向阀门，只允许一个方向通过。如果电流试图改变流动方向，那么二极管就将阻止它这么干。LED 灯是一种发光器件，当给它通上电，它就能直接发出红、黄、蓝、绿、青、橙、紫、白等颜色的光。比如家里的电灯就是一种 LED 灯。

如果仔细观察 LED 灯，你会注意到，LED 引脚长度不同，长引脚为 +，短引脚为 -。那如果正负接反会怎么样呢？图 14-1 就说明问题了，根据第 1

章所学的电路知识，接反导致电路短路，LED 灯就不亮了。图 14-1 中是不是还缺个电阻呀？细心的你发现了吗？

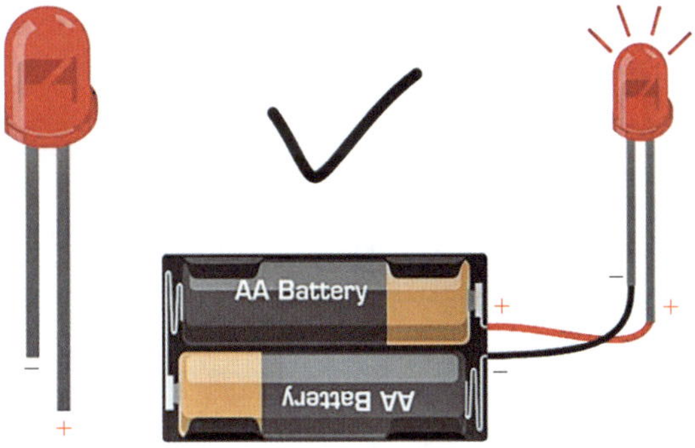

图 14-1　LED 灯直接连接电池

在实际应用中，LED 灯必须要与一个电阻进行串联，该电阻的主要作用是控制流过电路的电流，否则电路中电流过大会烧坏 LED 灯，因此该电阻被称为“限流电阻”。

14.2 电子积木连接引脚

LED 灯电子积木（模块）与 micro:bit 扩展板连接的引脚如表 14-1 所示。

表14-1　LED灯电子积木连接引脚

引脚名称	描述
G	GND（电源输入负极）
V	VCC（电源输入正极）
S	数字信号引脚

注：供电电压为 3.3V/5V。

14.3

项目任务

根据 LED 灯的发光原理，设定本章项目的任务：使用 micro:bit 主控板、扩展板连接外部的 LED 灯电子积木，并通过 Mind+ 编程实现 LED 灯的闪烁效果。

14.4

所需硬件

（1）1×micro:bit 主控板
（2）1×micro:bit 扩展板
（3）1×LED 灯电子积木
（4）1×micro USB 数据线
（5）若干彩色杜邦线（母对母）（图 14-2）

图 14-2　彩色杜邦线（母对母）

14.5

硬件搭建

① 取出 micro:bit 主控板、扩展板、micro USB 数据线、LED 灯电子积木、

杜邦线若干；

② 将 LED 灯电子积木的“V”引脚连到扩展板上任一个“3V3”电源引脚；

③ 将 LED 灯电子积木的“G”引脚连到扩展板上任意一个“G”引脚；

④ 将 LED 灯电子积木的“S”引脚连到扩展板“P0”引脚；

⑤ 按照图 13-6 所示的连接实物图，将 micro:bit 主控板插到扩展板插槽中；

⑥ 将 micro USB 数据线一端（micro USB 口）连接到 micro:bit 主控板，另一端（A 型 USB 口）连接到台式电脑或者笔记本电脑的 USB 口上，准备编写程序。

项目硬件完整搭建示意图如图 14-3 所示。

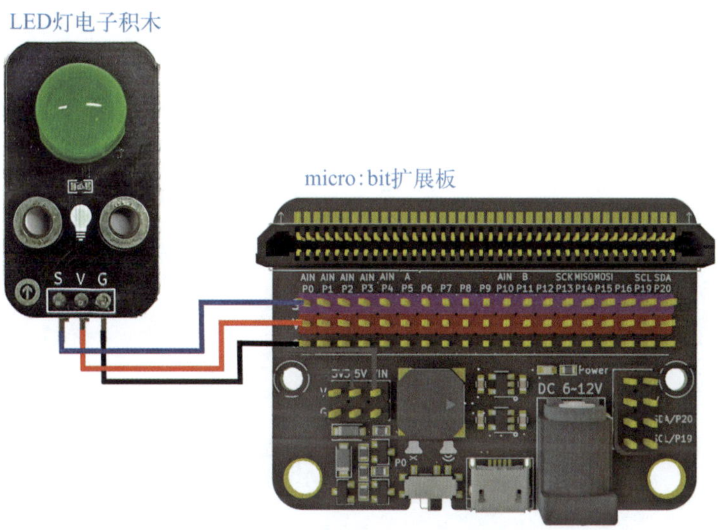

图 14-3　项目硬件搭建示意图

14.6 图形化积木学习

在本项目编程中，涉及积木区的积木（指令）如表 14-2 所示。

表14-2 项目使用的关键积木列表

所属模块	积木（指令）	积木功能
micro : bit	micro:bit主程序开始	主程序积木，程序开始执行的地方，编写的程序放在主程序积木下面才起作用
micro : bit	设置数字引脚 P0 ▾ 输出 低电平 ▾（✓ 低电平 / 高电平）	设置 micro:bit 主控板数字引脚输出高 / 低电平的积木，高电平为 3.3V，低电平为 0V
控制	循环执行	循环执行积木，逐次执行其“肚中”的每个积木，直到最后，然后再从“肚中”的第 1 个积木执行，一直循环下去
控制	等待 1 秒	延时等待 1 秒（输入 0.5 即延时 0.5 秒，最小单位为 1 毫秒

14.7 图形化编程

按如下操作步骤，编写、上传程序到 micro:bit 主控板，运行观察现象。

首先按照 3.3 所示的基本操作步骤①～③在 Mind+ 软件上新建项目并在积木区中加载好 micro:bit 主控板编程积木。

之前硬件搭建中，确保通过 micro USB 线已将 micro:bit 主控板连接到电脑 USB 口上了。然后如图 14-4 所示，在主界面上点击菜单栏上“连接设备”，找到并点击串口号“COMxx-Microbit”，使 micro:bit 主控板真正连接到电脑。

然后编写项目的 Mind+ 程序，完整项目程序如图 14-5 所示。由于之前的硬件搭建中将 LED 电子积木的“S”引脚连接到了扩展板“P0”引脚。根据第 1 章学过的“电流”知识，当“P0”引脚输出高电平时，表示有电流通过 LED 灯，LED 灯点亮；当“P0”引脚输出低电平时，表示没有电流通过 LED 灯，LED 灯熄灭。

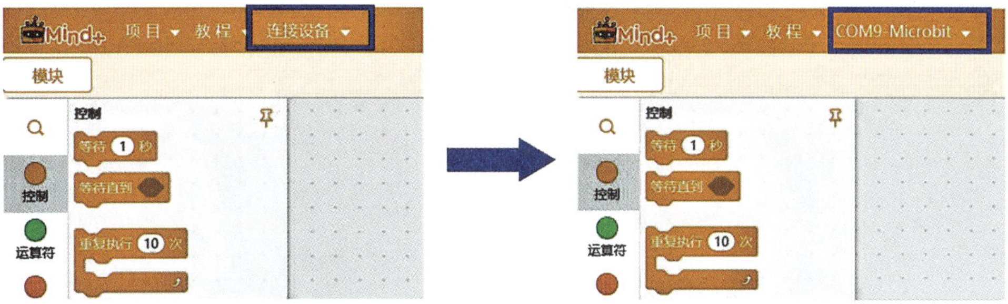

图 14-4　点击“连接设备”后变成“COM9-Microbit”

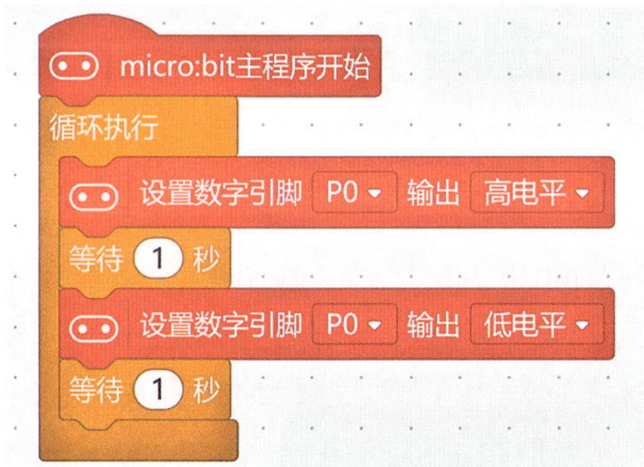

图 14-5　完整的项目 Mind+ 程序

编写好程序后，单击主界面中的“上传到设备”按钮，将程序上传到 micro:bit 主控板上。

14.8 运行现象

LED 灯电子积木演示

项目运行后，此时，可以看到 LED 灯每隔一秒交替亮灭一次，达到“闪烁”效果。

第 15 章 蜂鸣器电子积木

本章要接触一个新的电子元件——蜂鸣器，从字面意思就可以知道，这是一个会发声的电子元件。将蜂鸣器焊接到电路板上，制作成蜂鸣器电子积木（模块），通过连接蜂鸣器电子积木（模块）到 micro:bit 输出引脚，并配合相应的程序就可以产生类似报警器的声音。

15.1 蜂鸣器发声原理

蜂鸣器主要分为压电式蜂鸣器和电磁式蜂鸣器两种类型。

（1）压电式蜂鸣器和电磁式蜂鸣器区别

压电式蜂鸣器是以压电陶瓷的压电效应来带动金属片的振动而发声。当受到外力导致压电材料发生形变时，压电材料会产生电荷。电磁式蜂鸣器则是利用通电导体会产生磁场的特性，通电时将金属振动膜吸下，不通电时依靠振动膜的弹力弹回。

压电式蜂鸣器需要比较高的电压才能有足够的音压，一般建议为 9V 以上；电磁式蜂鸣器用 1.5V 就可以发出 85dB 以上的音压，所以建议初学者使用电磁式蜂鸣器。

（2）有源蜂鸣器和无源蜂鸣器区别

无论是压电式蜂鸣器还是电磁式蜂鸣器，都区分为有源蜂鸣器和无源蜂鸣器两种。有源蜂鸣器和无源蜂鸣器的根本区别是输入信号的要求不一样。这里的“源”不是指电源，而是指振荡源，有源蜂鸣器内部带振荡源，说白了就是只要一通电就会响，适合做一些单一的提示音。而无源蜂鸣器内部不带振荡源，所以如果仅用直流信号无法使其发声，但是无源蜂鸣器比有源蜂鸣器音效更好，适合需要多种音调的应用。如图 15-1、图 15-2 所示，两种蜂鸣器的引脚朝上放置时，可以看出有绿色电路板的一种是无源蜂鸣器，没有电路板而用黑胶封闭的一种是有源蜂鸣器。

图 15-1　无源蜂鸣器

图 15-2　有源蜂鸣器

蜂鸣器的应用有很多，我们可以基于蜂鸣器做一些好玩的东西，比如常见的会结合蜂鸣器的有温度传感器，测到温度过高时报警。

本项目中使用到的是基于有源电磁式蜂鸣器而制作的电子积木（模块），其实物图如图 15-3 所示。

图 15-3　蜂鸣器电子积木（模块）实物图

15.2 电子积木连接引脚

蜂鸣器电子积木（模块）与 micro:bit 扩展板连接的引脚如表 15-1 所示。

表15-1　蜂鸣器电子积木连接引脚

引脚名称	描述
G	GND（电源输入负极）
V	VCC（电源输入正极）
S	数字信号引脚

注：供电电压为 3.3V/5V。

15.3 项目任务

根据蜂鸣器发声原理，设定本章项目的任务：使用 micro:bit 主控板、扩展板连接外部的蜂鸣器电子积木、LED 灯电子积木，并通过 Mind+ 编程实现报警器的效果（高低声音响起同时 LED 灯闪烁）。

15.4 所需硬件

(1) 1×micro:bit 主控板

(2) 1×micro:bit 扩展板

(3) 1× 蜂鸣器电子积木

(4) 1×LED 灯电子积木

(5) 1×micro USB 数据线

(6) 若干彩色杜邦线（母对母）

15.5 硬件搭建

① 取出 micro:bit 主控板、扩展板、micro USB 数据线、蜂鸣器电子积木、LED 灯电子积木、杜邦线若干；

② 将蜂鸣器电子积木的“V”引脚连到扩展板上任意一个“3V3”电源引脚；

③ 将蜂鸣器电子积木的“G”引脚连到扩展板上任意一个“G”引脚；

④ 将蜂鸣器电子积木的“S”引脚连到扩展板“P1”引脚；

⑤ 将 LED 灯电子积木的“V”引脚连到扩展板上任一个“3V3”电源引脚；

⑥ 将 LED 灯电子积木的“G”引脚连到扩展板上任意一个“G”引脚；

⑦ 将 LED 灯电子积木的“S”引脚连到扩展板“P0”引脚；

⑧ 按照图 13-6 所示的连接实物图，将 micro:bit 主控板插到扩展板插槽中；

⑨ 将 micro USB 数据线一端（micro USB 口）连接到 micro:bit 主控板，另一端（A 型 USB 口）连接到台式电脑或者笔记本电脑的 USB 口上，准备编写程序。

项目硬件完整搭建示意图如图 15-4 所示。

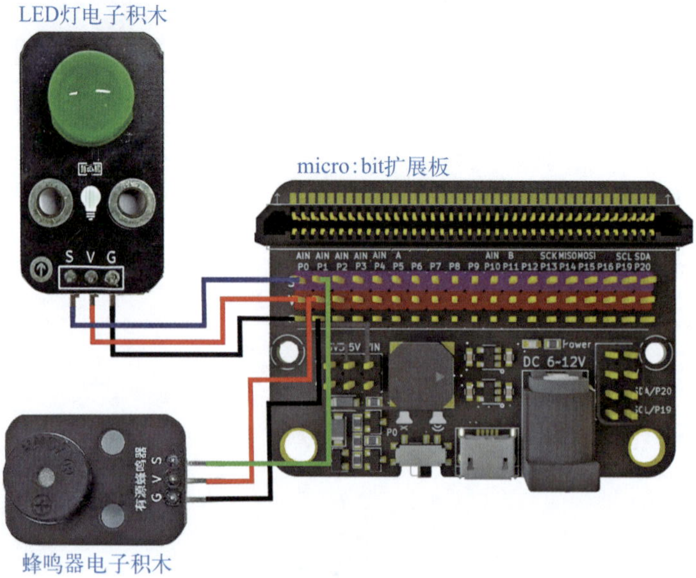

图 15-4　项目硬件搭建示意图

15.6 图形化积木学习

在本项目编程中，涉及积木区的积木（指令）如表 15-2 所示。

表15-2　项目使用的关键积木列表

所属模块	积木（指令）	积木功能
micro:bit	micro:bit主程序开始	主程序积木，程序开始执行的地方，编写的程序放在主程序积木下面才起作用

续表

所属模块	积木（指令）	积木功能
micro:bit		设置 micro:bit 主控板数字引脚输出高 / 低电平的积木，高电平为 3.3V，低电平为 0V
控制		循环执行积木，逐次执行其“肚中”的每个积木，直到最后，然后再从“肚中”的第 1 个积木执行，一直循环下去
控制		延时等待 1 秒（输入 0.5 即延时 0.5 秒，最小单位为 1 毫秒，即 0.001 秒）

15.7 图形化编程

按如下操作步骤，编写、上传程序到 micro:bit 主控板，运行观察现象。

首先按照前面章节所示的操作步骤将 micro:bit 主控板连接到电脑上。

然后编写项目的 Mind+ 程序，完整项目程序如图 15-5 所示。由于之前的硬件搭建中将蜂鸣器电子积木的“S”引脚连接到了扩展板“P1”引脚，将 LED 电子积木的“S”引脚连接到了扩展板“P0”引脚。根据第 1 章学过的“电流”知识，当“P1”和“P0”引脚输出高电平时，表示有电流通过电子积木，因此蜂鸣器响同时 LED 灯亮；当“P1”和“P0”引脚输出低电平时，表示没有电流通过电子积木，因此蜂鸣器不响同时 LED 灯熄灭。

编写好程序后，单击主界面中的“上传到设备”按钮，将程序上传到 micro:bit 主控板上。

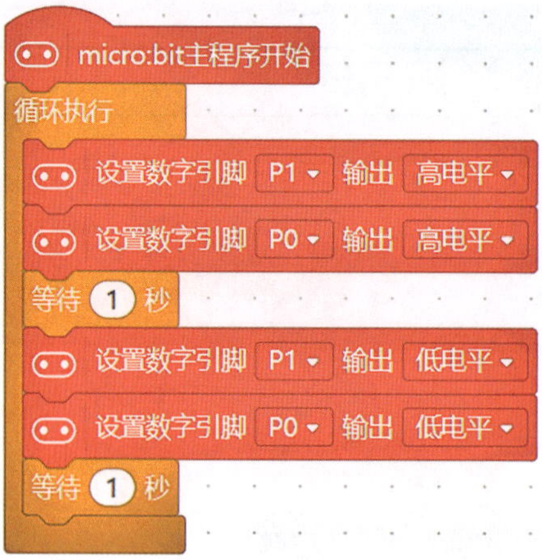

图 15-5　完整的项目 Mind+ 程序

15.8 运行现象

项目运行后，此时可以看到蜂鸣器每隔 1 秒声音响起，同时 LED 灯每隔 1 秒闪烁，实现“报警器”效果。

蜂鸣器电子积木演示

第 16 章 电位器电子积木

通过前面章节的学习，我们学会了用 micro:bit 控制外接的 LED 灯电子积木的亮灭、闪烁等效果。在有些场景中（比如看电影时），不需要 LED 灯那么亮，只要有一点光就可以，那么该如何控制 LED 灯的亮度呢？本章学习新的电子积木，可以改变的电阻——电位器。通过调节电位器，实现 LED 灯亮度的改变。

16.1 电位器工作原理

如图 16-1 的电位器实物图所示，电位器（英文 Potentiometer，简称 Pot，少数直译成电位计），通常又称为可变电阻器（Variable Resistor，VR）或简称可变电阻。电阻两端接电源，通过中间引脚调节阻值，随着阻值的改变而带动电压变化。用模拟引脚读取到这个变化中的模拟电压值，并转换为对应的 LED 灯的亮度值，可以实现“呼吸灯”的效果。这就是整个控制过程。

本章中使用到的是基于电位器而制作的电子积木（模块），可调节的范围是 0 ～ 1kΩ。该电位器电子积木实物图如图 16-2 所示。

图 16-1 电位器实物图

图 16-2 电位器电子积木（模块）实物图

16.2 电子积木连接引脚

电位器电子积木（模块）与 micro:bit 扩展板连接的引脚如表 16-1 所示。

表16-1 电位器电子积木连接引脚

引脚名称	描述
G	GND（电源输入负极）
V	VCC（电源输入正极）
S	模拟信号引脚

注：供电电压为 3.3V/5V。

16.3 项目任务

根据电位器工作原理，设定本章项目的任务：使用 micro:bit 主控板、扩展板连接电位器电子积木、LED 灯电子积木，通过 Mind+ 编程实现“呼吸灯”的效果。

16.4 所需硬件

(1) 1×micro:bit 主控板

(2) 1×micro:bit 扩展板

(3) 1× 电位器电子积木

(4) 1×LED 灯电子积木

(5) 1×micro USB 数据线

(6) 若干彩色杜邦线（母对母）

16.5 硬件搭建

① 取出 micro:bit 主控板、扩展板、micro USB 数据线、电位器电子积木、

LED 灯电子积木、杜邦线若干；

② 将电位器电子积木的“V”引脚连到扩展板上任意一个“3V3”电源引脚；

③ 将电位器电子积木的“G”引脚连到扩展板上任意一个“G”引脚；

④ 将电位器电子积木的“S”引脚连到扩展板“P1”引脚；

⑤ 将 LED 灯电子积木的“V”引脚连到扩展板上任一个“3V3”电源引脚；

⑥ 将 LED 灯电子积木的“G”引脚连到扩展板上任意一个“G”引脚；

⑦ 将 LED 灯电子积木的“S”引脚连到扩展板“P0”引脚；

⑧ 按照图 13-6 所示的连接实物图，将 micro:bit 主控板插到扩展板插槽中；

⑨ 将 micro USB 数据线一端（micro USB 口）连接到 micro:bit 主控板，另一端（A 型 USB 口）连接到台式电脑或者笔记本电脑的 USB 口上，准备编写程序。

项目硬件完整搭建示意图如图 16-3 所示。

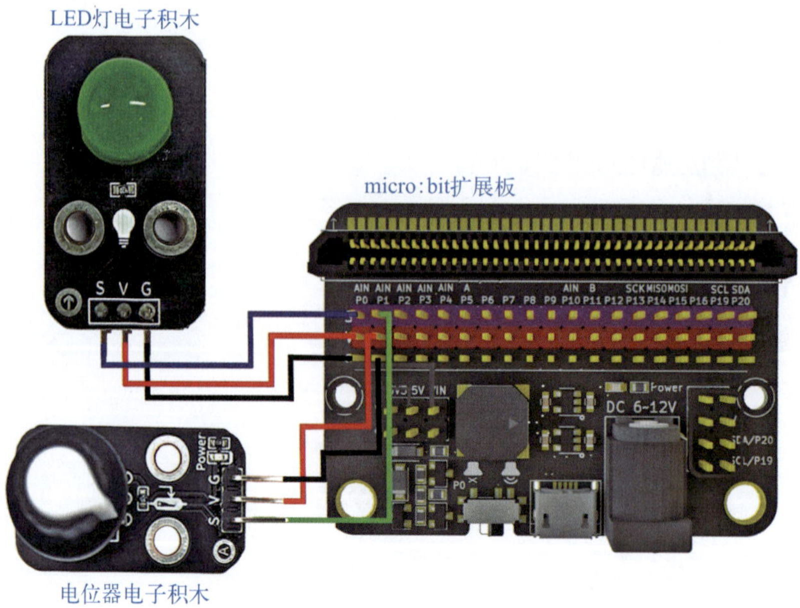

图 16-3 项目硬件搭建示意图

16.6 图形化积木学习

在本项目编程中，涉及积木区的积木（指令）如表 16-2 所示。

表16-2　项目使用的关键积木列表

所属模块	积木（指令）	积木功能
micro : bit		主程序积木，程序开始执行的地方，编写的程序放在主程序积木下面才起作用
micro : bit	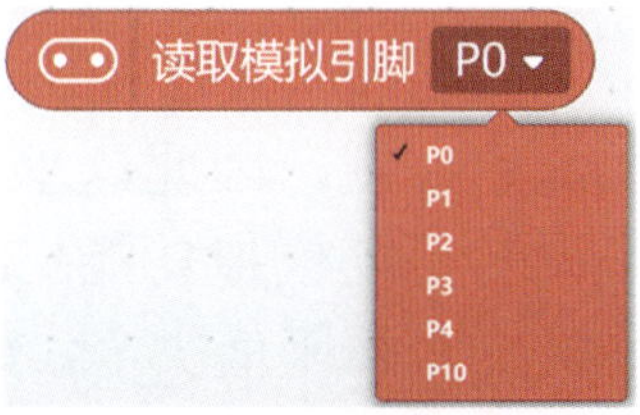	micro:bit 主控板读取模拟引脚（通常连接外部模拟传感器）的值，范围是 0 ～ 1023。模拟引脚编号范围是 P0 ～ P4 及 P10，可通过下拉框进行选择
micro : bit	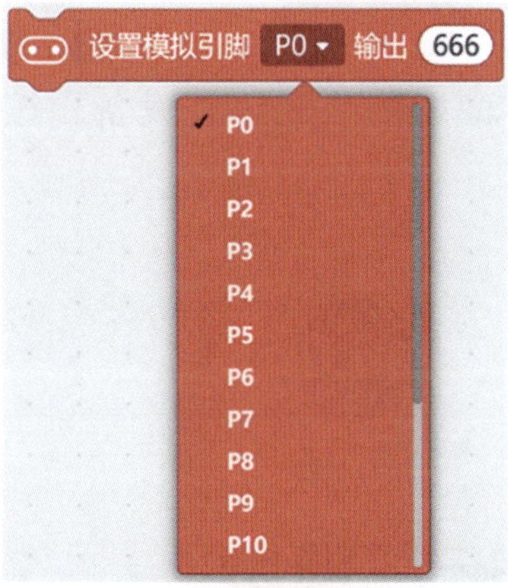	设置 micro:bit 主控板模拟引脚输出 0 ～ 1023 范围的数值。模拟引脚编号范围是 P0 ～ P16，可通过下拉框进行选择
控制		循环执行积木，逐次执行其“肚中”的每个积木，直到最后，然后再从“肚中”的第 1 个积木执行，一直循环下去
控制		延时等待 1 秒（输入 0.5 即延时 0.5 秒，最小单位为 1 毫秒，即 0.001 秒）

16.7 图形化编程

按如下操作步骤，编写、上传程序到 micro:bit 主控板，运行观察现象。

首先按照前面章节所示的操作步骤将 micro:bit 主控板连接到电脑上。

然后编写项目的 Mind+ 程序，完整项目程序如图 16-4 所示。之前的硬件搭建中将电位器电子积木的“S”引脚连接到了扩展板“P1”引脚，由于 micro:bit 主控板读取电位器的阻值（模拟信号），因此这里使用的是“P1”引脚的模拟功能；将 LED 电子积木的“S”引脚连接到了扩展板“P0”引脚，由于控制 LED 灯的连续变化亮度，因此这里使用的是“P0”引脚的模拟功能。LED 灯的亮度由电位器阻值决定（变化范围：0～1023），将电位器阻值传递给小灯，可以控制 LED 灯的亮度。

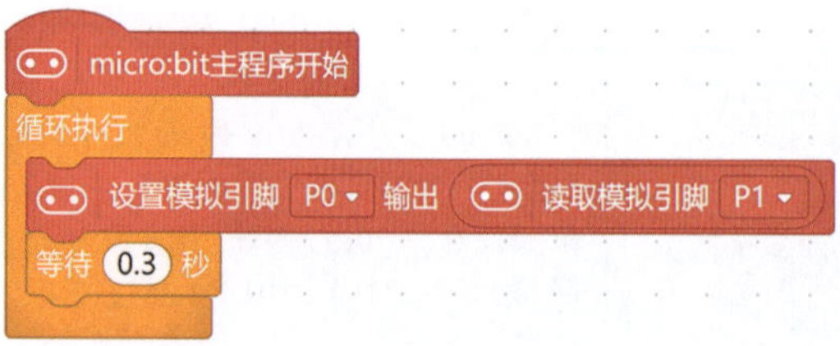

图 16-4　完整的项目 Mind+ 程序

编写好程序后，单击主界面中的“上传到设备”按钮，将程序上传到 micro:bit 主控板上。

16.8 运行现象

电位器电子积木演示

项目运行后，顺时针旋转电位器，LED 灯就越来越亮，逆时针旋转电位器，LED 灯就越来越暗，实现“呼吸灯”的效果。

第 17 章 红外避障传感器

本章我们开始学习使用 micro:bit 主控板和扩展板控制一种常见的传感器——红外避障传感器。

17.1 传感器工作原理

红外避障传感器实物图如图 17-1 所示，它具有一对红外线发射与接收管，发射管发射出一定频率的红外线，当检测方向上遇到障碍物时，红外线反射回来被接收管接收，经过比较器电路处理之后，蓝色指示灯会亮起，同时信号输出接口输出数字信号（一个低电平信号），可通过电位器旋钮调节检测距离，有效距离范围 1 ～ 50mm，工作电压为 3.3 ～ 5V。该传感器具有干扰小、便于装配、使用方便等特点，广泛应用于机器人避障、避障小车、流水线计数及黑白线循迹等众多场合。

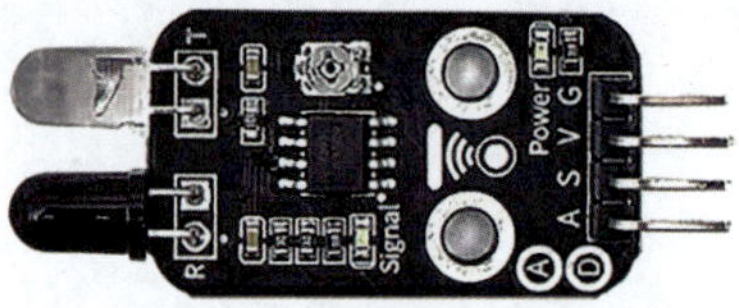

图 17-1　红外避障传感器实物图

17.2 传感器连接引脚

红外避障传感器与 micro:bit 扩展板连接的引脚如表 17-1 所示。

表17-1　红外避障传感器连接引脚

引脚名称	描述
G	GND（电源输入负极）
V	VCC（电源输入正极）
S	数字信号引脚
A	模拟信号引脚

注：供电电压为 3.3V/5V。

17.3 项目任务

根据红外避障传感器工作原理，设定本章项目的任务：使用 micro:bit 主控板、扩展板连接红外避障传感器、LED 灯电子积木，通过 Mind+ 编程实现“用手靠近该传感器，LED 灯亮；手远离传感器，LED 灯灭”的效果。

17.4 所需硬件

（1）1×micro:bit 主控板

（2）1×micro:bit 扩展板

（3）1× 红外避障传感器

（4）1×LED 灯电子积木

（5）1×micro USB 数据线

（6）若干彩色杜邦线（母对母）

17.5 硬件搭建

① 取出 micro:bit 主控板、扩展板、micro USB 数据线、红外避障传感器、LED 灯电子积木、杜邦线若干；

② 将红外避障传感器的“V”引脚连到扩展板上任意一个“3V3”电源引脚；

③ 将红外避障传感器的“G”引脚连到扩展板上任意一个“G”引脚；

④ 将红外避障传感器的“S”引脚连到扩展板“P1”引脚；

⑤ 将 LED 灯电子积木的“V”引脚连到扩展板上任一个“3V3”电源引脚；

⑥ 将 LED 灯电子积木的“G”引脚连到扩展板上任意一个“G”引脚；

⑦ 将 LED 灯电子积木的“S”引脚连到扩展板“P0”引脚；

⑧ 按照图 13-6 所示的连接实物图，将 micro:bit 主控板插到扩展板插

槽中；

⑨ 将 micro USB 数据线一端（micro USB 口）连接到 micro:bit 主控板，另一端（A 型 USB 口）连接到台式电脑或者笔记本电脑的 USB 口上，准备编写程序。

项目硬件完整搭建示意图如图 17-2 所示。

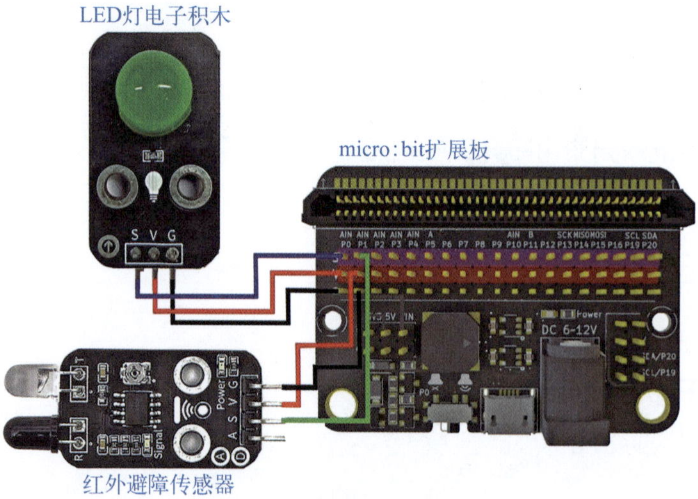

图 17-2　项目硬件搭建示意图

17.6 图形化积木学习

在本项目编程中，涉及积木区的积木（指令）如表 17-2 所示。

表17-2　项目使用的关键积木列表

所属模块	积木（指令）	积木功能
 micro:bit		主程序积木，程序开始执行的地方，编写的程序放在主程序积木下面才起作用

续表

所属模块	积木（指令）	积木功能
micro : bit	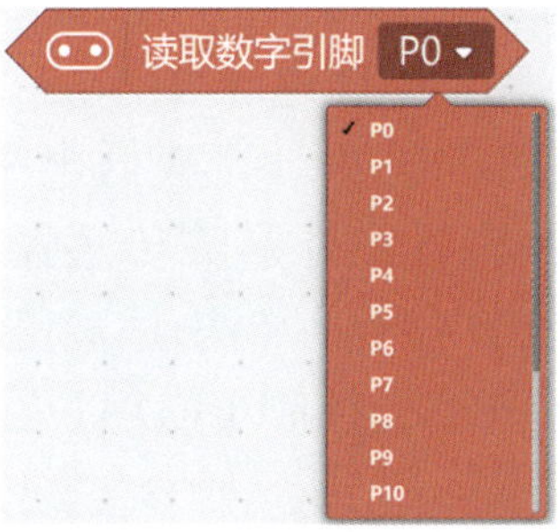	micro:bit 主控板读取数字引脚（通常连接外部数字传感器）的值，范围：高电平（对应逻辑值 1）或者低电平（对应逻辑值 0）。数字引脚编号范围是 P0～P16，可通过下拉框进行选择。该积木常作为判断条件
micro : bit	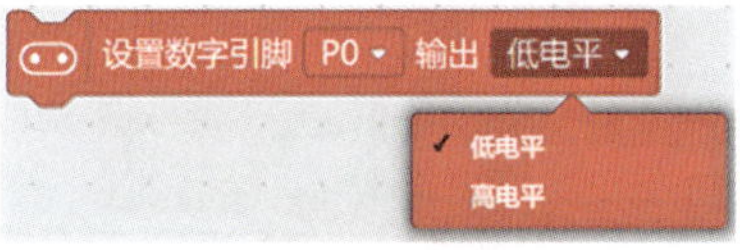	设置 micro:bit 主控板数字引脚输出高 / 低电平的积木，高电平为 3.3V，低电平为 0V
控制		循环执行积木，逐次执行其“肚中”的每个积木，直到最后，然后再从“肚中”的第 1 个积木执行，一直循环下去
控制	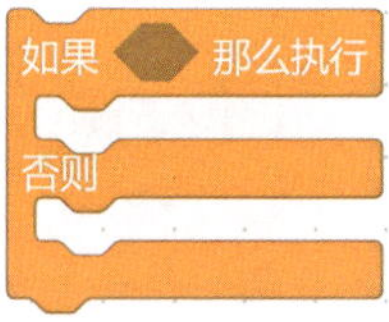	条件判断积木，用于判断六边形框内条件是否成立。条件成立，则执行第 1 个“肚中”的积木；条件不成立，则执行第 2 个“肚中”的积木
运算符	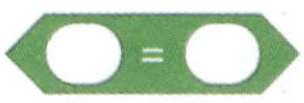	比较运算符积木：“=”，用于判断前面椭圆框输入内容与后面椭圆框输入内容是否相等

17.7 图形化编程

按如下操作步骤，编写、上传程序到 micro:bit 主控板，运行观察现象。

首先按照前面章节所示的操作步骤将 micro:bit 主控板连接到电脑上。

然后编写项目的 Mind+ 程序，完整项目程序如图 17-3 所示。之前的硬件搭建中将红外避障传感器的“S”引脚连接到了扩展板“P1”引脚，由于 micro:bit 主控板读取红外避障传感器的数字信号值（高或低电平），因此这里使用的是“P1”引脚的数字功能；将 LED 电子积木的“S”引脚连接到了扩展板“P0”引脚，由于控制 LED 灯的亮灭（高或低电平），因此这里使用的是“P0”引脚的数字功能。当用手靠近红外避障传感器，红外避障传感器输出低电平，micro:bit 主控板控制 LED 灯亮；当手远离红外避障传感器，红外避障传感器输出高电平，micro:bit 主控板控制 LED 灯灭。

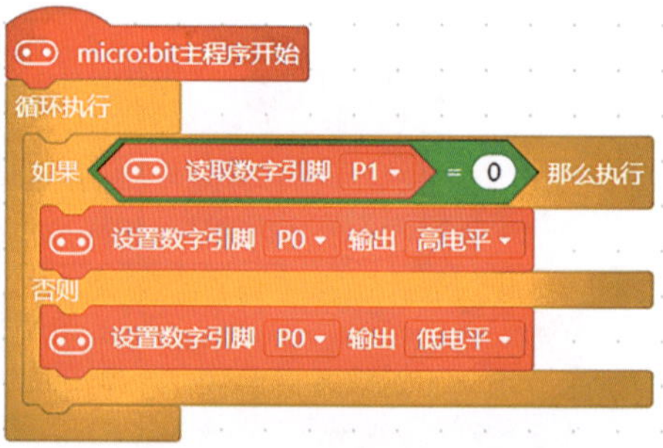

图 17-3　完整的项目 Mind+ 程序

编写好程序后，单击主界面中的“上传到设备”按钮，将程序上传到 micro:bit 主控板上。

17.8 运行现象

项目运行后，现象是：当红外避障传感器探头检测到障碍物（或者用手靠近该传感器），LED 灯被点亮；当红外避障传感器探头未检测到前方有障碍物（或者手远离该传感器），LED 灯熄灭。

如图 17-4 所示，可以调节红外避障的距离，用小螺丝刀调节红外避障传感器电路板上的电位器，使手指离红外避障探头 20 毫米左右，传感器信号指示蓝灯亮；手指离探头 20 毫米外，传感器信号指示蓝灯熄灭。注意：红外避障传感器的红外发射和接收探头受环境光干扰较大，不要在阳光太强的环境下运行。

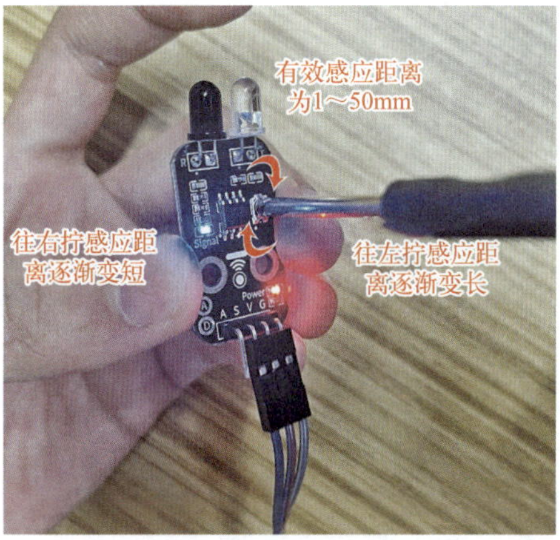

图 17-4　调节红外避障距离

红外避障传感
器演示

第 18 章 电机驱动模块

本章我们学习使用 micro:bit 主控板和扩展板控制一种很常见的执行器——电机。

18.1 电机驱动原理

如图 18-1 电机实物图所示，本章介绍的是最常见的直流电机（英文：Direct Current Motor），通常又称为马达。直流电机有两个引线，一个正极和一个负极。如果将这两根引线直接连接到电源或者电池的正负极上，电机将旋转。如果切换引线，电机将以相反的方向旋转。

当使用 micro:bit 主控板的数字引脚直接连接电机引线时，由于电流不足，电机是不转动的，因此需要通过电机驱动模块来连接电机，本章中使用到的电机驱动模块实物图如图 18-2 所示。

电机驱动模块由一个 L9110S 芯片来控制和驱动小型直流电机。该芯片具有两个输入端子，具有抗干扰特性和高电流驱动能力，两个输出端子可直接驱动小型直流电机，每个输出端口可提供 750 ～ 800mA 动态电流，其峰值电流可达 1.5 ～ 2.0A。因此 L9110S 电机驱动芯片广泛应用于玩具车、机器人等。

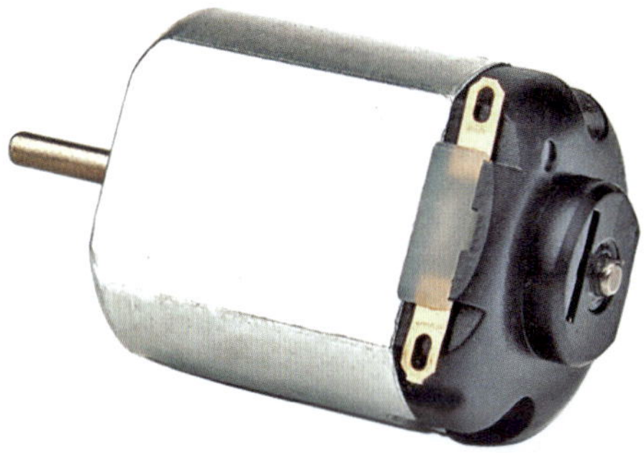

图 18-1 电机实物图

图 18-2 电机驱动模块实物图

18.2 电子模块连接引脚

电机驱动模块与 micro:bit 扩展板连接的引脚如表 18-1 所示。

表18-1 电机驱动模块连接引脚

引脚名称	描述
G	GND（电源输入负极）
V	VCC（电源输入正极）
IN-A	电机控制信号引脚 A
IN-B	电机控制信号引脚 B

注：供电电压为 3.3V/5V。

18.3 项目任务

根据电机驱动原理，设定本章项目的任务：使用 micro:bit 主控板、扩展板连接电机驱动模块、电机、风扇扇叶，通过 Mind+ 编程实现电机正转 2 秒后，停顿 1 秒，然后反转，反转 2 秒后停顿 1 秒，然后正转，一直循环，达到“电机正反转”的效果。

18.4 所需硬件

（1）1× micro:bit 主控板

（2）1× micro:bit 扩展板

（3）1× 电机驱动模块

（4）1× 小型直流电机

（5）1× 风扇扇叶（图 18-3）

图 18-3　风扇扇叶

（6）1×micro USB 数据线

（7）若干彩色杜邦线（母对母）

18.5 硬件搭建

① 取出 micro:bit 主控板、扩展板、micro USB 数据线、电机驱动模块、电机、风扇扇叶、杜邦线若干；

② 将电机驱动模块的“V”引脚连到扩展板上任意一个“3V3”电源引脚；

③ 将电机驱动模块的“G”引脚连到扩展板上任意一个“G”引脚；

④ 将电机驱动模块的“IN-A”引脚连到扩展板“P0”引脚；

⑤ 将电机驱动模块的“IN-B”引脚连到扩展板“P1”引脚；

⑥ 按照图 18-4 所示，将电机引线端子插接到电机驱动模块上的端子座里；

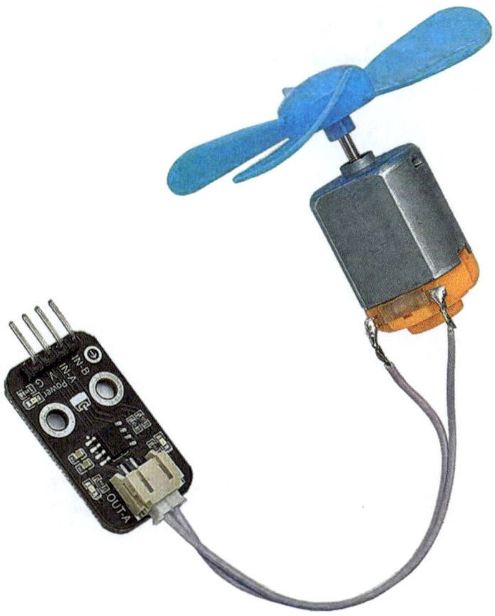

图 18-4　电机驱动模块、电机、风扇扇叶连接示意图

⑦ 按照图 18-4 所示，将风扇扇叶插接到电机轴上；

⑧ 按照图 13-6 所示的连接实物图，将 micro:bit 主控板插到扩展板插槽中；

⑨ 将 micro USB 数据线一端（micro USB 口）连接到 micro:bit 主控板，另一端（A 型 USB 口）连接到台式电脑或者笔记本电脑的 USB 口上，准备编写程序。

项目硬件搭建过程中，电机驱动模块、电机、风扇扇叶的连接示意图如图 18-4 所示，项目硬件完整搭建示意图如图 18-5 所示。

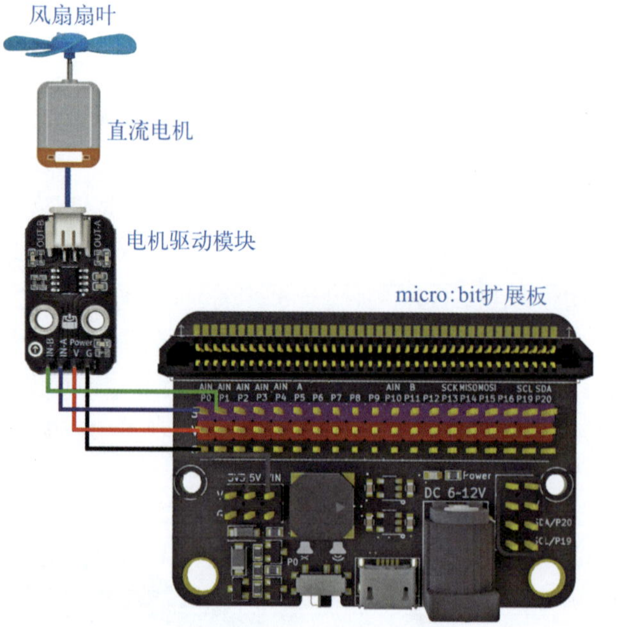

图 18-5　项目硬件搭建示意图

18.6 图形化积木学习

在本项目编程中，涉及积木区的积木（指令）如表 18-2 所示。

表18-2　项目使用的关键积木列表

所属模块	积木（指令）	积木功能
micro:bit	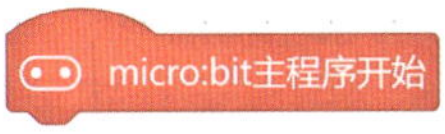	主程序积木，程序开始执行的地方，编写的程序放在主程序积木下面才起作用
micro:bit	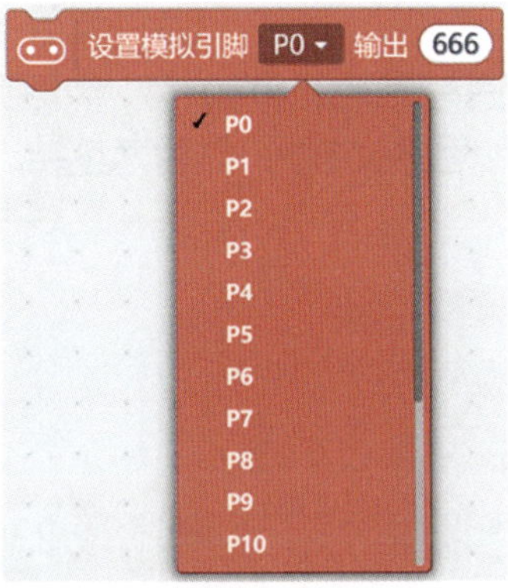	设置 micro:bit 主控板模拟引脚输出 0 ～ 1023 范围的数值。模拟引脚编号范围是 P0 ～ P16，可通过下拉框进行选择
控制		循环执行积木，逐次执行其“肚中”的每个积木，直到最后，然后再从“肚中”的第 1 个积木执行，一直循环下去
控制		延时等待 1 秒（输入 0.5 即延时 0.5 秒，最小单位为 1 毫秒，即 0.001 秒）

18.7

图形化编程

按如下操作步骤，编写、上传程序到 micro:bit 主控板，运行观察现象。

首先按照前面章节所示的操作步骤将 micro:bit 主控板连接到电脑上。

然后编写项目的 Mind+ 程序，完整的项目程序如图 18-6 所示。其中黄色背景的文字为“注释”（用于解释该段程序的含义），在 Mind+ 编程区可右击鼠标选择“添加注释”菜单项进行添加。

图 18-6 完整的项目 Mind+ 程序

编写好程序后，单击主界面中的“上传到设备”按钮，将程序上传到 micro:bit 主控板上。

18.8 运行现象

项目运行后，电机正转 2 秒后，停顿 1 秒，然后反转，反转 2 秒后停顿 1 秒，然后正转，一直循环，达到“电机正反转”的效果。

电机驱动模块
演示

第 19 章 超声波测距模块

本章我们学习使用 micro:bit 主控板和扩展板控制一种能测量与障碍物之间距离的传感器——超声波测距模块。

19.1 超声波测距原理

声音是由物体振动产生的，振动停止声音也消失，发声的物体叫声源。声音可以通过固体、液体、气体这些介质传播。但是声音不能在真空中传播，因为真空中没有声音传播所需用的介质。声波的计量单位为频率，是指声波每秒振动的次数，单位为赫兹（Hz）。如图 19-1 所示，人的耳朵所能听到的声波频率在 20 ～ 20000Hz 之间。小于 20Hz，称之为次声波；大于 20000Hz，称之为超声波，人耳均无法听见。

由于超声波具有频率高、波长短、绕射现象小、方向性好、能够成为射线而定向传播等特点，广泛应用于机器人测距、小车避障等场合。本章项目利用超声波测量障碍物距离。

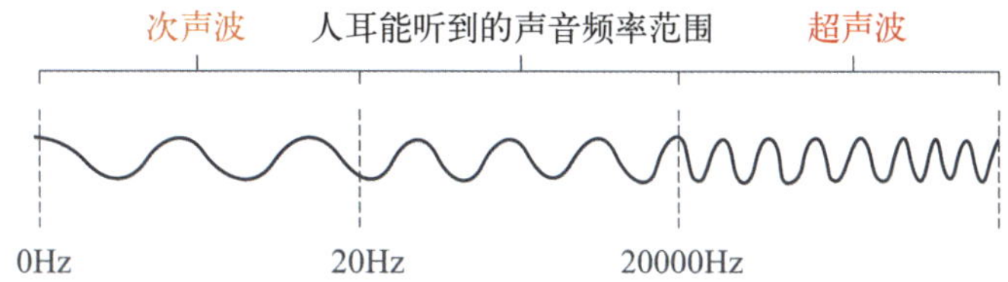

图 19-1　声音频率图

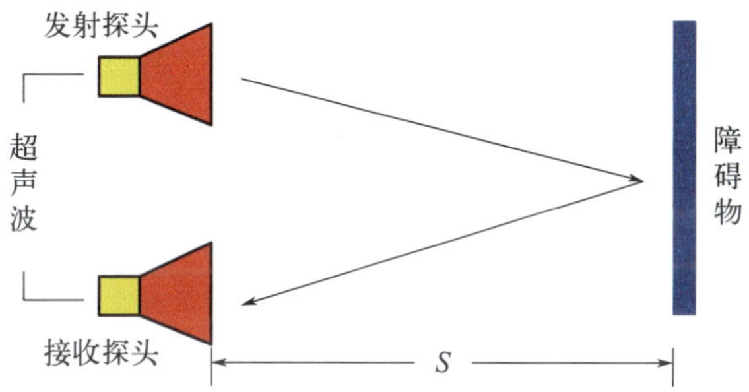

图 19-2　超声波测距原理示意图

如图 19-2 所示，超声波测距模块由两个超声波探头和放大电路（放大电信号）等组成。超声波测距原理与雷达测距原理相似，其原理是发射探头向某一方向发射超声波，在发射的同时开始计时，超声波在空气中传播，途中碰到障碍物就立即返回来，超声波接收探头收到反射波就立即停止计时。超声波在空气中的传播速度为 340 米每秒，根据计时器记录的时间 T（单位：秒），就可以计算出发射点距障碍物的距离 S（单位：米），其测距公式如下所示：

$$S=(340\times T)\div 2 \tag{19-1}$$

超声波传感器型号众多，本项目中我们使用一个比较常用的超声波测距模块“HC-SR04”。HC-SR04 型号带有 1 个超声波发射探头、1 个超声波接收探头以及控制电路，测量范围约 2 ～ 400 厘米，测量精度可达 3 毫米。其实物图如图 19-3 所示。

图 19-3　HC-SR04 超声波测距模块实物图

19.2 电子模块连接引脚

HC-SR04 超声波测距模块与 micro:bit 扩展板连接的引脚如表 19-1 所示。

表19-1 HC-SR04超声波测距模块连接引脚

引脚名称	描述
VCC	VCC（电源输入正极）
TRIG	控制端
ECHO	接收端
GND	GND（电源输入负极）

注：供电电压为 3.3V/5V。

HC-SR04 超声波测距模块的引脚参数详细解释如下：

① VCC：电源输入正极（5V）；

② TRIG（控制端）：用于发射超声波脉冲，通过将此引脚设置为高电平至少 10 微秒（μs），模块启动发射超声波脉冲；

③ ECHO（接收端）：当发射超声波时，此引脚变为高电平，直到模块接收到回波，此时会变成低电平，通过测量 ECHO 引脚保持高电平的时间，即可计算出距离；

④ GND：电源输入负极。

19.3 micro:bit 控制过程

micro:bit 主控板控制 HC-SR04 超声波测距模块具体过程如图 19-4 所示。

① micro:bit 主控板向 HC-SR04 超声波测距模块的 TRIG 端子发送 10 微

秒高电平信号；

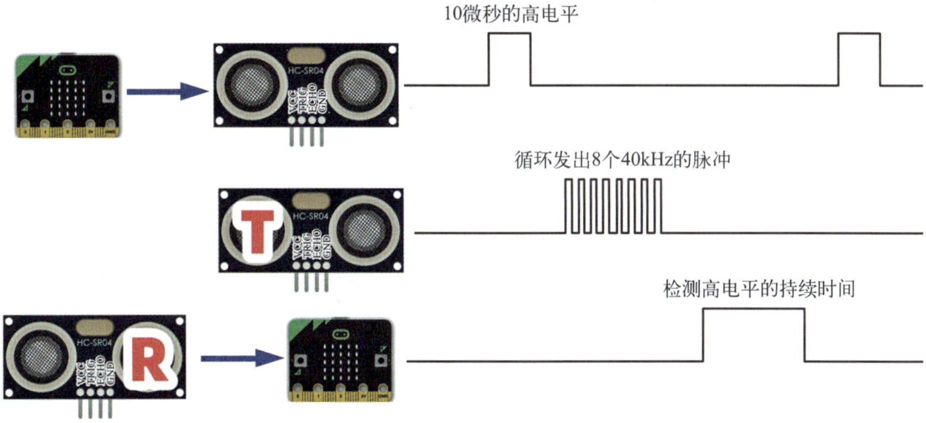

图 19-4　micro:bit 主控板控制 HC-SR04 超声波测距模块过程

② HC-SR04 超声波测距模块被触发工作，其发射探头朝某一方向发射超声波信号（循环发出 8 个 40kHz 的脉冲）；

③ HC-SR04 超声波测距模块发射超声波信号的同时，micro:bit 主控板开始计时；

④ 超声波碰到障碍物后立即返回，HC-SR04 模块的接收探头接收到被障碍物反射回来的信号后，micro:bit 主控板立即停止计时；

⑤ HC-SR04 超声波测距模块的 ECHO 引脚高电平持续时间就是超声波信号在空气中的传播时间，然后根据式（19-1）即可计算出距离。

19.4 项目任务

根据超声波测距原理，设定本章项目的任务：使用 micro:bit 主控板、扩展板连接超声波测距模块、LED 灯电子积木，通过 Mind+ 编程实现功能——将障碍物置于超声波测距模块前方，当障碍物靠近超声波测距模块 10 厘米以内时，LED 灯亮预警；当障碍物远离超声波测距模块 10 厘米以外时，LED 灯熄灭。

19.5 所需硬件

（1）1×micro:bit 主控板

（2）1×micro:bit 扩展板

（3）1× 超声波测距模块

（4）1×LED 灯电子积木

（5）1×micro USB 数据线

（6）若干彩色杜邦线（母对母）

19.6 硬件搭建

① 取出 micro:bit 主控板、扩展板、micro USB 数据线、超声波测距模块、LED 灯电子积木、杜邦线若干；

② 将超声波测距模块“VCC”引脚连到扩展板上任意一个“3V3”电源引脚；

③ 将超声波测距模块“GND”引脚连到扩展板上任意一个“G”引脚；

④ 将超声波测距模块“TRIG”引脚连到扩展板“P0”引脚；

⑤ 将超声波测距模块“ECHO”引脚连到扩展板“P1”引脚；

⑥ 将 LED 灯电子积木的“V”引脚连到扩展板上任意一个“3V3”电源引脚；

⑦ 将 LED 灯电子积木的“G”引脚连到扩展板上任意一个“G”引脚；

⑧ 将 LED 灯电子积木的“S”引脚连到扩展板“P2”引脚；

⑨ 按照图 13-6 所示的连接实物图，将 micro:bit 主控板插到扩展板插槽中；

⑩ 将 micro USB 数据线一端（micro USB 口）连接到 micro:bit 主控板，另一端（A 型 USB 口）连接到台式电脑或者笔记本电脑的 USB 口上，准备编写程序。

项目硬件完整搭建示意图如图 19-5 所示。

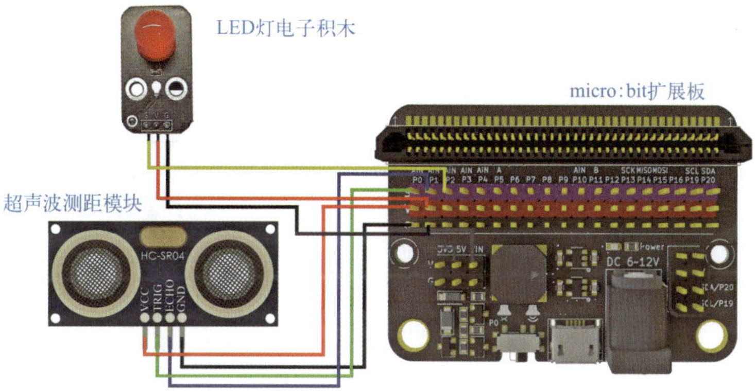

图 19-5　项目硬件搭建示意图

19.7 图形化积木学习

在本项目编程中，涉及积木区的积木（指令）如表 19-2 所示。

表19-2　项目使用的关键指令列表

所属模块	指令（积木）	指令功能
micro:bit		主程序积木，程序开始执行的地方，编写的程序放在主程序积木下面才起作用
micro:bit	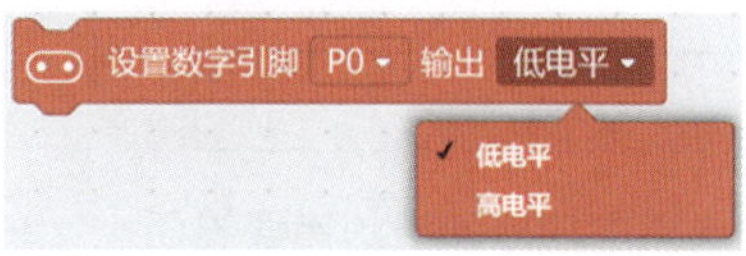	设置 micro:bit 主控板数字引脚输出高 / 低电平的积木，高电平为 3.3V，低电平为 0V

续表

所属模块	指令（积木）	指令功能
控制		循环执行积木，逐次执行其“肚中”的每个积木，直到最后，然后再从“肚中”的第 1 个积木执行，一直循环下去
控制	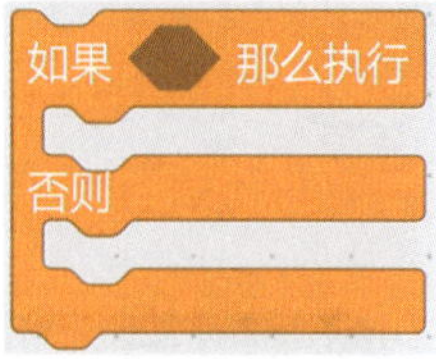	条件判断积木，用于判断六边形框内条件是否成立。条件成立，则执行第 1 个“肚中”的积木；条件不成立，则执行第 2 个“肚中”的积木
运算符		比较运算符积木：“<”，用于判断前面椭圆框输入内容与后面椭圆框输入内容的大小
传感器		超声波测距积木：当超声波测距模块的 trig 和 echo 引脚接好后，可读取超声波传感器与障碍物的距离（单位：厘米）

19.8 图形化编程

按如下操作步骤，编写、上传程序到 micro:bit 主控板，运行观察现象。

首先按照 3.3 所示的基本操作步骤①～③在 Mind+ 软件上新建项目并在积木区中加载好 micro:bit 主控板编程积木。

然后，点击左下角“扩展”，在先选择“micro:bit”主控板的前提下（否则会出现如图 19-6 所示的错误界面），再选择“传感器”→“超声波测距传感器”，如图 19-7 所示，然后点击“返回”回到主界面后便能够在“积木区”看见已经加载了超声波测距传感器积木模块。

图 19-6　未选择主控板弹出的错误界面

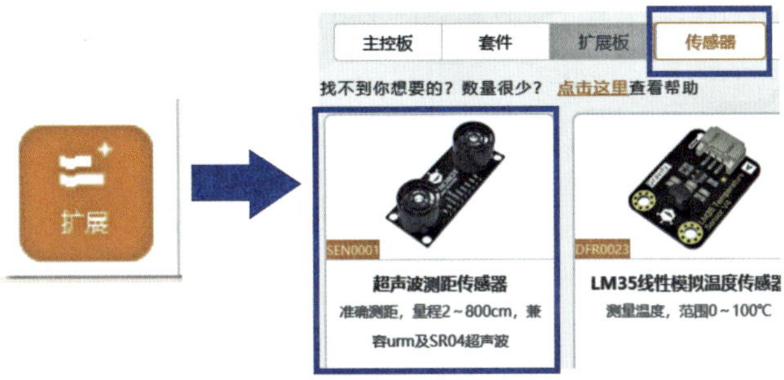

图 19-7　点击“扩展”→“传感器”→“超声波测距传感器”

之前硬件搭建中，确保通过 micro USB 线已将 micro:bit 主控板连接到电脑 USB 口上了。然后如图 19-8 所示，在主界面上点击菜单栏上“连接设备”，找到并点击串口号“COMxx-Microbit”，使 micro:bit 主控板真正连接到电脑。

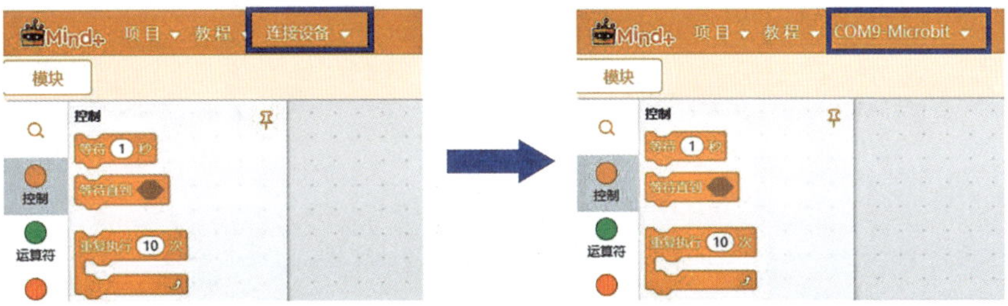

图 19-8　点击“连接设备”后变成“COM9-Microbit”

接着编写项目的 Mind+ 程序，完整项目程序如图 19-9 所示。

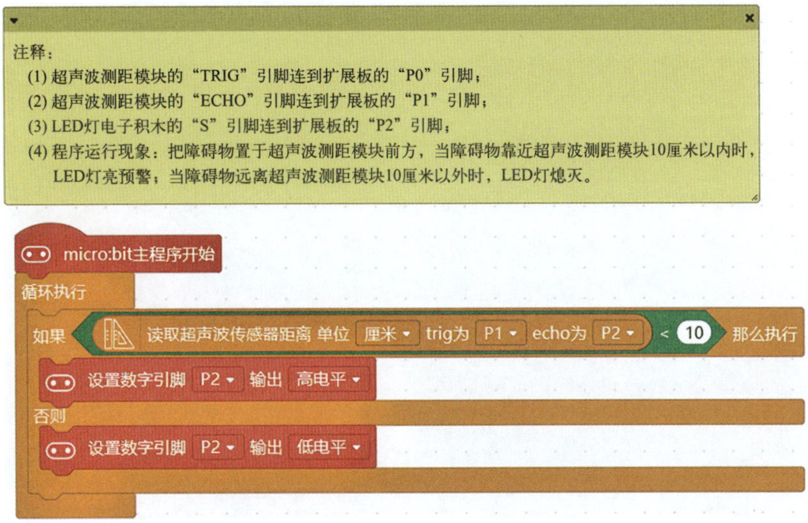

图 19-9　完整的项目 Mind+ 程序

最后编写好程序后，单击主界面中的“上传到设备”按钮，将程序上传到 micro:bit 主控板上。

19.9 运行现象

项目运行后，把障碍物置于超声波测距模块前方，当障碍物靠近超声波测距模块 10 厘米以内时，LED 灯亮预警；当障碍物远离超声波测距模块 10 厘米以外时，LED 灯熄灭。

超声波测距模块演示

第 20 章 四位数码管显示模块

本章我们学习使用 micro:bit 主控板和扩展板控制一种很常见的显示器——四位 LED 数码管显示模块。

20.1 数码管显示原理

数码管，又称 LED 数码管，是一种常见的用来显示数字的电子元件。通常由七段发光二极管（LED）封装在一起组成“8”字形状，外加一个小数点。数码管根据其显示数字的位数，通常有一位数码管、二位数码管、四位数码管（位就是“个”的意思）等，如图 20-1 所示。

如图 20-2 所示，一位数码管通常有两排引脚，每排 5 个，共 10 个引脚。其中每排最中间的引脚是公共端“COM”引脚（即 3 号和 8 号引脚内部电路相连作为公共端），剩下的八个引脚分别对应数码管上的八个笔画，每一个笔画就是一个 LED 灯（LED 灯被制作成笔画形状了）。根据“COM”引

脚接的电源端子 /GND 端子不同，将数码管分为共阳极数码管和共阴极数码管。

图 20-1　数码管实物图

图 20-2　一位数码管引脚图

如图 20-3、图 20-4 所示，当数码管为共阳极数码管时，“COM”引脚接“5V”电源引脚，每一个笔画输入低电平，则该笔画被点亮；输入高电平，则该笔画被熄灭。当数码管为共阴极数码管时，“COM”引脚接“GND”引脚，每一个笔画输入高电平，则该笔画被点亮；输入低电平，则该笔画被熄灭。数码管应用广泛，常用于电动玩具、机器人、汽车仪表盘等场合。

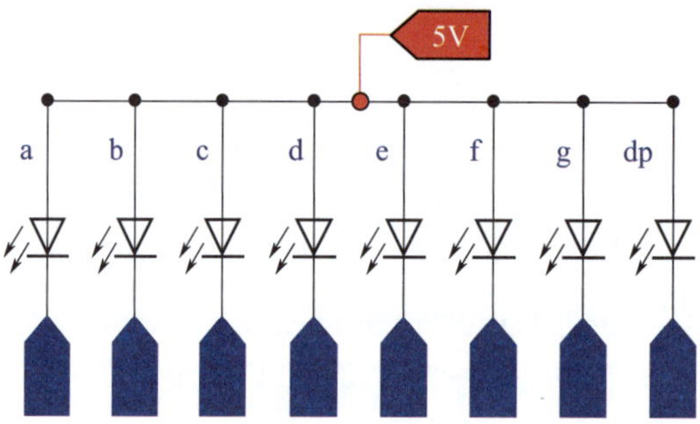

图 20-3　共阳极数码管内部连接示意图

如图 20-5 所示，数码管每一个字段（笔画）被编号为“a，b，c，d，e，

f，g，dp”。若想显示数字“0”，需要点亮数码管 a、b、c、d、e 和 f 共 6 个字段；若想显示数字“1”，需要点亮数码管 b 和 c 共 2 个字段；若想显示数字“2”，需要点亮数码管 a、b、g、e 和 d 共 5 个字段。如此类推，数码管显示数字 0 ～ 9 需要被点亮的字段以及这些字段对应的数码管引脚如表 20-1 所示。

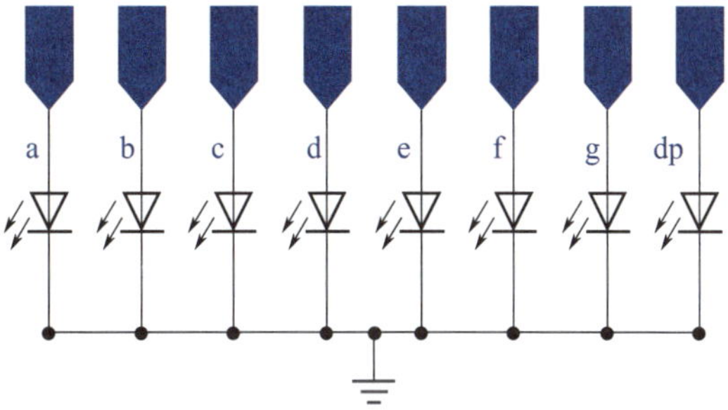

图 20-4　共阴极数码管内部连接示意图

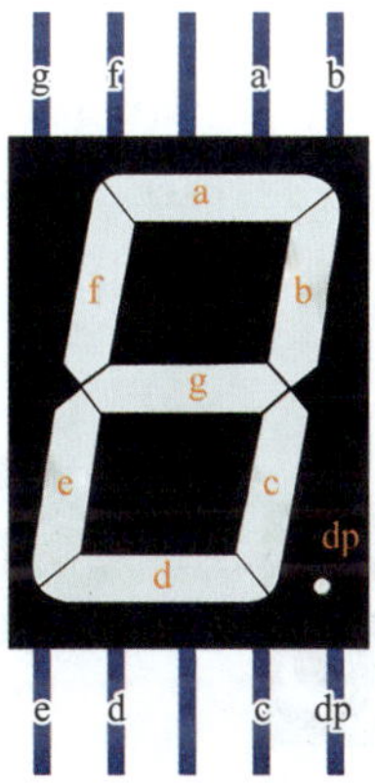

图 20-5　数码管字段编号示意图

表20-1　显示数字0～9需要被点亮的字段及对应的引脚

显示的数字	点亮的字段编号	对应的数码管引脚
0	a、b、c、d、e、f	7、6、4、2、1、9
1	b、c	6、4
2	a、b、g、e、d	7、6、10、1、2
3	a、b、g、c、d	7、6、10、4、2
4	f、g、b、c	9、10、6、4

续表

显示的数字	点亮的字段编号	对应的数码管引脚
5	a、f、g、c、d	7、9、10、4、2
6	a、f、e、d、c、g	7、9、1、2、4、10
7	a、b、c	7、6、4
8	a、b、c、d、e、f、g	7、6、4、2、1、9、10
9	g、f、a、b、c、d	10、9、7、6、4、2

20.2 四位数码管

四位数码管可以认为是把四个一位数码管封装在一起形成的。它一共有 12 个引脚，其中有 8 个是字段引脚，4 个是位引脚（也可以称为公共端 COM）。四位数码管的外观和引脚编号如图 20-6 所示。

图 20-6 四位数码管实物及引脚图

四位数码管的控制电路如图 20-7 所示。引脚 1、2、3、4、5、7、10、11 为字段引脚（又称段选引脚），引脚 6、8、9、12 为四个数码管的位引脚（又称位选引脚）。

四位数码管控制方式主要有两种，分别为静态和动态显示。

（1）静态显示

静态显示是每个数码管的每一个字段都由一个 micro:bit 数字引脚进行控制。当需要显示时，显示字形可一直保持，直到送入新字形码为止。

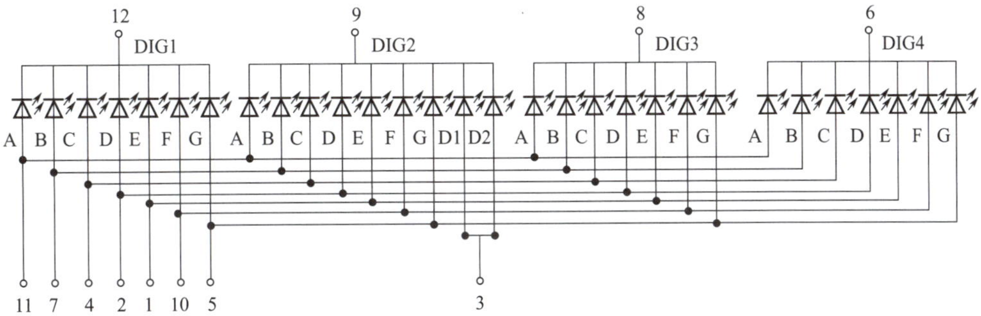

图 20-7　四位数码管内部连接示意图

(2) 动态显示

动态显示是将所有数码管的八个笔画“a，b，c，d，e，f，g，dp”的同名端连在一起，另外为每个数码管的公共引脚“COM”增加位选通控制电路，当micro:bit数字引脚输出字形码时，所有数码管都接收到相同的字形码，但究竟是哪个数码管会显示出字形，取决于 micro:bit 对位选通 COM 端电路的控制，所以我们只要将需要显示数码管的选通控制打开，该位数码管就显示出字形，没有选通的数码管就不显示字形。通过分配时间轮流控制各个数码管的 COM 端，就使各个数码管轮流显示字形，这就是动态显示的原理。在轮流显示过程中，每位数码管的点亮时间为 1 ～ 2ms，由于人的视觉暂留现象及发光二极管的余辉效应，尽管实际上各位数码管并非同时点亮，但只要扫描的速度足够快，给人的感觉就是一组稳定的显示数字，不会有闪烁感，动态显示的效果和静态显示的一样。

本项目中使用到的四位显示模块主要由一个 0.36 英寸[1]、红色、共阳极的四位数码管和 1 个 TM1650 控制芯片组成。该模块工作电压为 5V，工作电流为 100mA。使用时，我们只需要使用 2 根信号线即可通过 micro:bit 主控板控制该显示模块工作，大大降低了与 micro:bit 主控板的硬件连接复杂性。其实物图如图 20-8 所示。

图 20-8　四位数码管显示模块实物照

[1] 1英寸=2.54厘米

20.3 电子模块连接引脚

四位数码管显示模块与 micro:bit 扩展板连接的引脚如表 20-2 所示。

表20-2 四位数码管显示模块连接引脚

引脚名称	描述
VCC	VCC（电源输入正极）
GND	GND（电源输入负极）
SDA	双向数据通信引脚
SCL	时钟信号通信引脚

注：供电电压为 3.3V/5V。

20.4 项目任务

根据数码管显示原理，设定本章项目的任务：使用 micro:bit 主控板、扩展板连接四位数码管显示模块，通过 Mind+ 编程实现功能——在四位数码管上首先显示“1.234”这个小数 3 秒，再显示“5678”这个整数 3 秒，重复循环。

20.5 所需硬件

(1) 1×micro:bit 主控板

（2）1×micro:bit 扩展板

（3）1× 四位数码管显示模块

（4）1×micro USB 数据线

（5）若干彩色杜邦线（母对母）

20.6 硬件搭建

① 取出 micro:bit 主控板、扩展板、micro USB 数据线、四位数码管显示模块、杜邦线若干；

② 将四位数码管显示模块“VCC”引脚连到扩展板任意一个“3V3”电源引脚；

③ 将四位数码管显示模块“GND”引脚连到扩展板上任意一个“G”引脚；

④ 将四位数码管显示模块“SDA”引脚连到扩展板“SDA”引脚；

⑤ 将四位数码管显示模块“SCL”引脚连到扩展板“SCL”引脚；

⑥ 按照图 13-6 所示的连接实物图，将 micro:bit 主控板插到扩展板插槽中；

⑦ 将 micro USB 数据线一端（micro USB 口）连接到 micro:bit 主控板，另一端（A 型 USB 口）连接到台式电脑或者笔记本电脑的 USB 口上，准备编写程序。

项目硬件完整搭建示意图如图 20-9 所示。

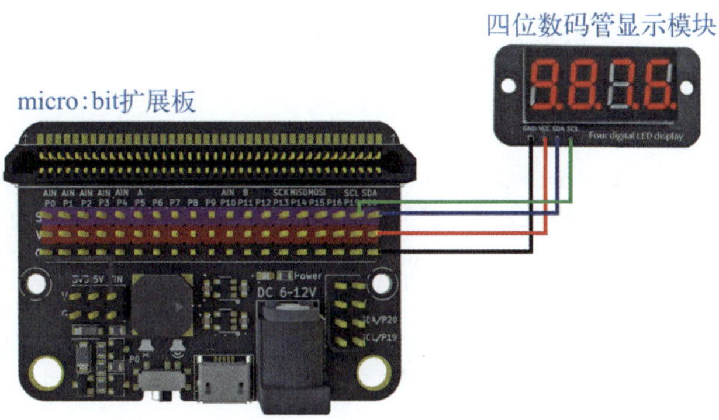

图 20-9　项目硬件搭建示意图

20.7

图形化积木学习

在本项目编程中，涉及积木区的积木（指令）如表 20-3 所示。

表20-3 项目使用的关键指令列表

所属模块	指令（积木）	指令功能
micro:bit	micro:bit主程序开始	主程序积木，程序开始执行的地方，编写的程序放在主程序积木下面才起作用
控制	循环执行	循环执行积木，逐次执行其“肚中”的每个积木，直到最后，然后再从“肚中”的第 1 个积木执行，一直循环下去
控制	等待 1 秒	延时等待 1 秒（输入 0.5 即延时 0.5 秒，最小单位为 1 毫秒，即 0.001 秒）
显示器	8.0 初始化TMI1650显示器 I2C地址0x34	数码管初始化通信地址指令，在操作数码管显示前直接使用，不需要改变参数
显示器	8.0 四位数码管_TM1650 开	四位数码管 TM1650 开 / 关 / 清屏
显示器	8.0 四位数码管_TM1650显示字符串 "1234"	四位数码管 TM1650 显示字符串“1234”
显示器	8.0 四位数码管_TM1650第 1 个小数点 亮	四位数码管 TM1650 点亮第几个小数点

20.8

图形化编程

按如下操作步骤，编写、上传程序到 micro:bit 主控板，运行观察现象。

① 按照 3.3 所示的基本操作步骤①和②在 Mind+ 软件上新建项目。

② 如图 20-10 所示，点击主界面左下角“扩展”，选择“主控板”→“micro:bit”。

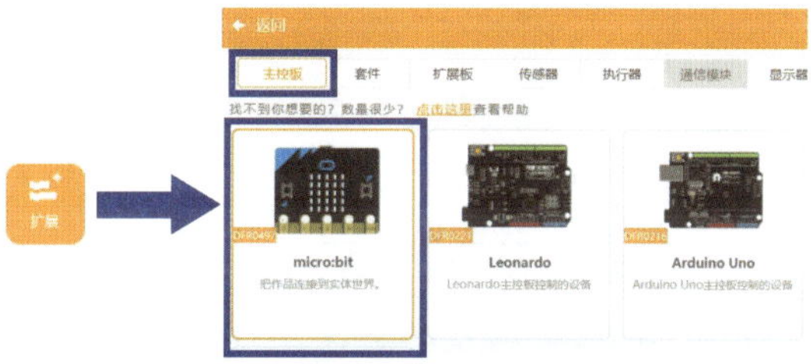

图 20-10　点击“扩展”并选择“micro:bit”主控板

③ 如图 20-11 所示，在先选择“micro:bit”主控板的前提下，再选择“显示器”→“TM1650 四位数码管”。

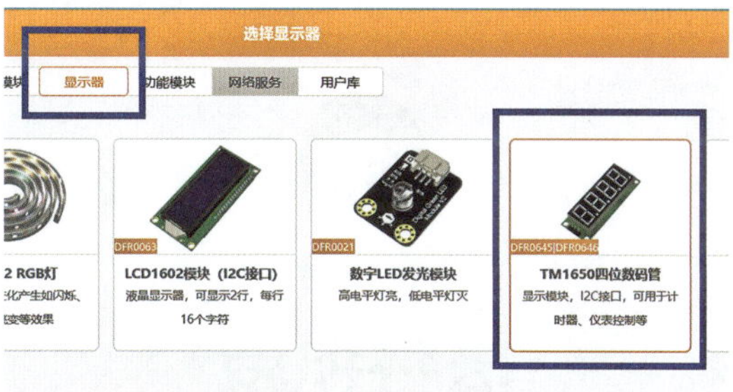

图 20-11　点击“显示器”并选择“TM1650 四位数码管”

点击“返回”，回到主界面，在左侧“积木区”看到已经加载若干 micro:bit 主控板和 TM1650 四位数码管积木。

④ 之前硬件搭建中，确保通过 micro USB 数据线已将 micro:bit 主控板连接到电脑 USB 口上了。然后如图 20-12 所示，在主界面上点击菜单栏上“连

接设备”，找到并点击串口号“COMxx-Microbit”，使 micro:bit 主控板真正连接到电脑。

⑤ 编写项目的 Mind+ 程序，完整项目程序如图 20-13 所示。

⑥ 编写好程序后，单击主界面中的“上传到设备”按钮，将程序上传到 micro:bit 主控板上。

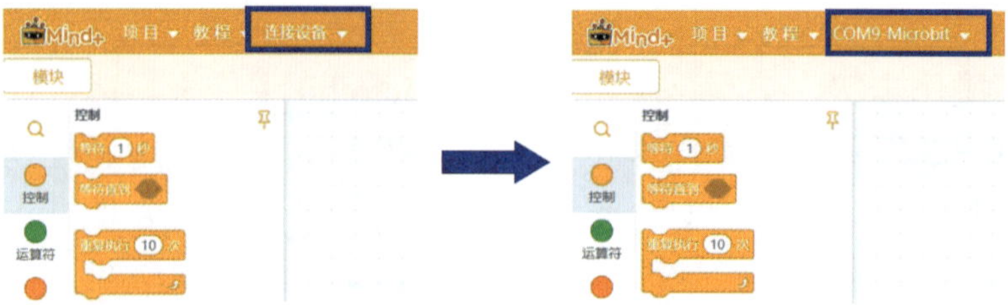

图 20-12 点击“连接设备”后变成“COM9-Microbit”

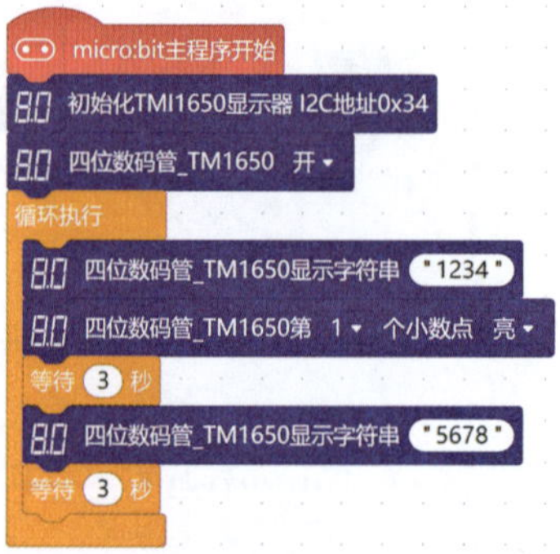

图 20-13 完整的项目 Mind+ 程序

20.9 运行现象

四位数码管显示模块演示

代码上传完成后，运行现象是：首先显示“1.234”3 秒，再显示“5678”3 秒，重复循环。现在我们已经掌握了四位数码管显示的基本理论和编程，不仅可以让它显示整数和小数，还可以显示时间，完成电子时钟的设计。此外，还可以使用所学的知识做更多更棒的作品。

第四篇
micro:bit
综合实战

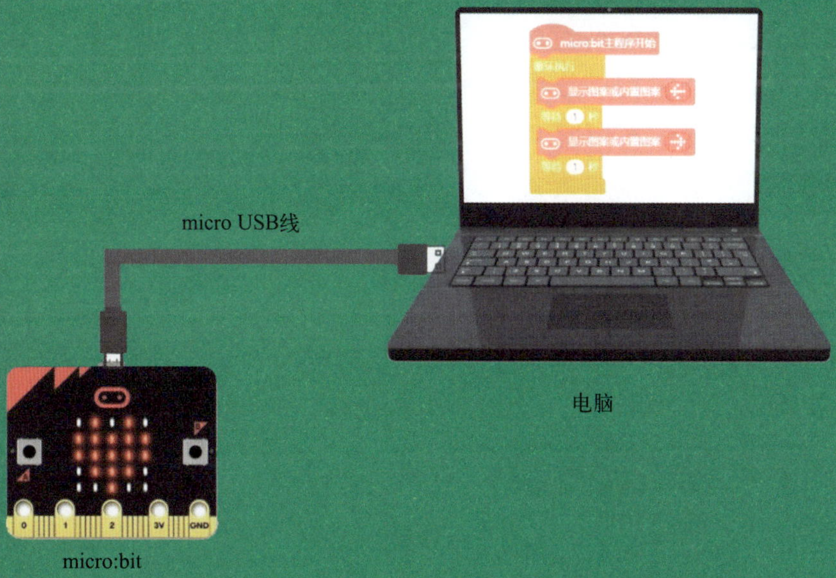

第21章 综合项目一　智能节能风扇

经过第一篇和第二篇的学习，我们熟练掌握了电路基本概念、Mind+图形化编程、micro:bit主控板自带硬件资源的使用和控制，实现了对micro:bit硬件编程的快速入门。通过第三篇的学习，我们熟练掌握了LED灯电子积木、蜂鸣器电子积木、电位器电子积木、红外避障传感器、电机驱动模块、超声波测距模块、四位数码管显示模块等复杂电子积木的使用和控制，完成了对micro:bit硬件编程的逐渐进阶。下面我们通过两个项目进行micro:bit硬件编程综合实战，来检验micro:bit硬件编程的掌握能力和水平。

21.1 项目背景

大气中的二氧化碳含量增加是造成地球气候变暖的根源，所以阻止地球变暖，要从我做起、从小处做起。前几天中午吃饭的时候，因为天气太热了，小明同学开启了电风扇，一边吃饭一边吹着电扇，很舒服。但是他吃完饭就离开了，忘记了关闭风扇，风扇就一直在那转着。等到发现的时候，已经过去了好久，这期间不但浪费了电能，还增加了二氧化碳的排放。这样下去可不行，忘记关电扇，或者忘记关电视机、关空调、关电灯，这些都是会造成能源浪费和环境污染的坏习惯。怎样才能减少这些污染和碳排放呢？于是小明同学打算制作一个智能节能风扇。

21.2 项目任务

根据项目的背景和需求，设定本综合项目的任务：制作一个智能节能风扇，当有人靠近（用手靠近红外避障传感器进行模拟），风扇转动，同时通过调节电位器来改变风扇的转速；当人远离（用手远离红外避障传感器进行模拟），风扇停止转动，进而模拟“自动感应”的智能节能风扇。

21.3 项目所需硬件

（1）1×micro:bit 主控板

（2）1×micro:bit 扩展板

（3）1× 红外避障传感器

（4）1× 电位器电子积木

（5）1× 电机驱动模块

（6）1× 小型直流电机

（7）1× 风扇扇叶

（8）1×micro USB 数据线

（9）若干彩色杜邦线（母对母）

21.4 项目硬件搭建

① 取出 micro:bit 主控板、扩展板、micro USB 数据线、红外避障传感器、电位器电子积木、电机驱动模块、电机、风扇扇叶、杜邦线若干；

② 将电机驱动模块的“V”引脚连到扩展板上任意一个“3V3”电源引脚；

③ 将电机驱动模块的“G”引脚连到扩展板上任意一个“G”引脚；

④ 将电机驱动模块的“IN-A”引脚连到扩展板“P0”引脚；

⑤ 将电机驱动模块的“IN-B”引脚连到扩展板“P1”引脚；

⑥ 按照图 18-4 所示，将电机引线端子插接到电机驱动模块上的端子座里；

⑦ 按照图 18-4 所示，将风扇扇叶插接到电机轴上；

⑧ 将电位器电子积木的“V”引脚连到扩展板上任意一个“3V3”电源引脚；

⑨ 将电位器电子积木的“G”引脚连到扩展板上任意一个“G”引脚；

⑩ 将电位器电子积木的“S”引脚连到扩展板“P2”引脚；

⑪ 将红外避障传感器的“V”引脚连到扩展板上任意“3V3”电源引脚；

⑫ 将红外避障传感器的“G”引脚连到扩展板上任意一个“G”引脚；

⑬ 将红外避障传感器的“S”引脚连到扩展板“P3”引脚；

⑭ 按照图 13-6 所示的连接实物图，将 micro:bit 主控板插到扩展板插槽中；

⑮ 将 micro USB 数据线一端（micro USB 口）连接到 micro:bit 主控板，

另一端（A 型 USB 口）连接到台式电脑或者笔记本电脑的 USB 口上，准备编写程序。

综合项目硬件搭建示意图如图 21-1 所示。

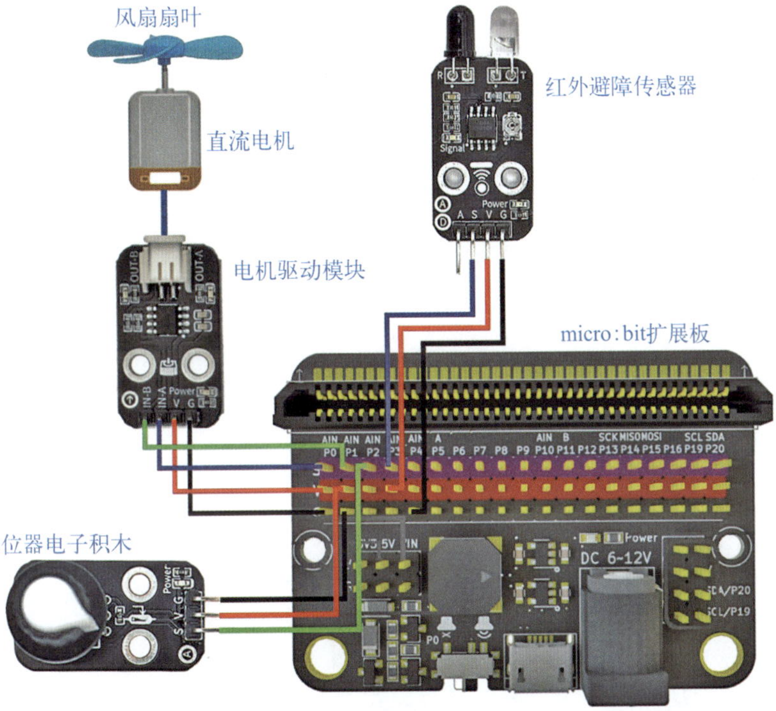

图 21-1　综合项目硬件搭建示意图

21.5 项目软件流程图

本综合项目的软件编程逻辑为：通电后，智能节能风扇进入工作状态，当有人靠近时，风扇转动，同时可以通过调节电位器来改变风扇的转速；当人远离时，风扇停止转动，模拟“自动感应”智能节能风扇。其软件流程图如图 21-2 所示。

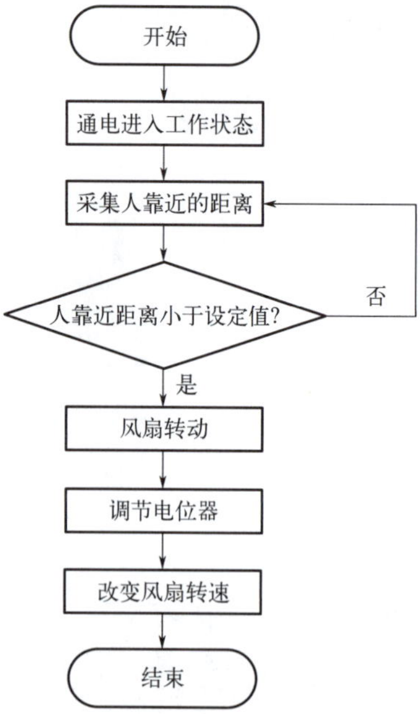

图 21-2　综合项目软件流程图

21.6 项目图形化编程

按如下操作步骤，编写、上传程序到 micro:bit 主控板，运行观察现象。

① 如图 21-3 所示，双击电脑桌面上的图标，打开 Mind+ 软件，将模式切换到“上传模式”。

② 如图 21-4 所示，点击主界面左上角“项目”菜单中的“新建项目”。

③ 如图 21-5 所示，点击主界面左下角“扩展”，选择“主控板”→“micro:bit”。

点击“返回”，回到主界面，在左侧“积木区”看到已经加载了若干个 micro:bit 主控板的编程积木。

④ 之前硬件搭建中，确保通过 micro USB 数据线已将 micro:bit 主控板连接到电脑 USB 口上。然后如图 21-6 所示，在主界面上点击菜单栏上“连接

设备”，找到并点击串口号“COMxx-Microbit”，使 micro:bit 主控板真正连接到电脑。

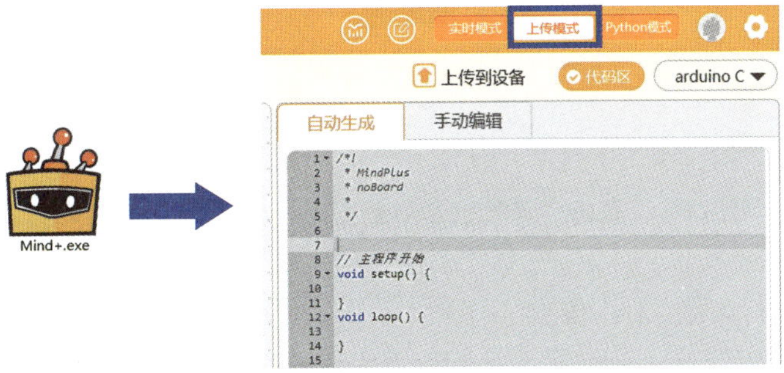

图 21-3　双击图标打开 Mind+ 软件并切换到“上传模式”

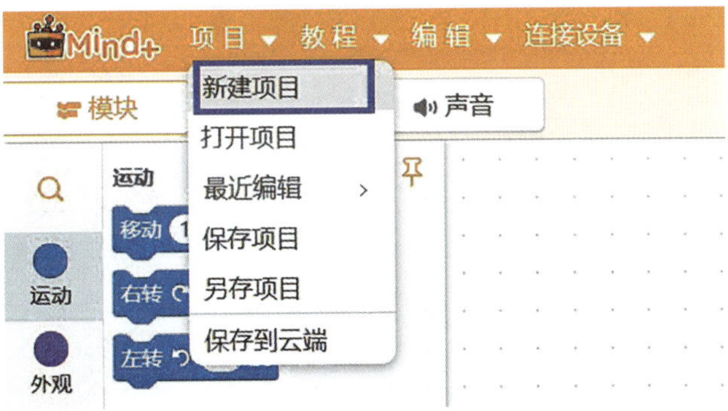

图 21-4　点击“新建项目”

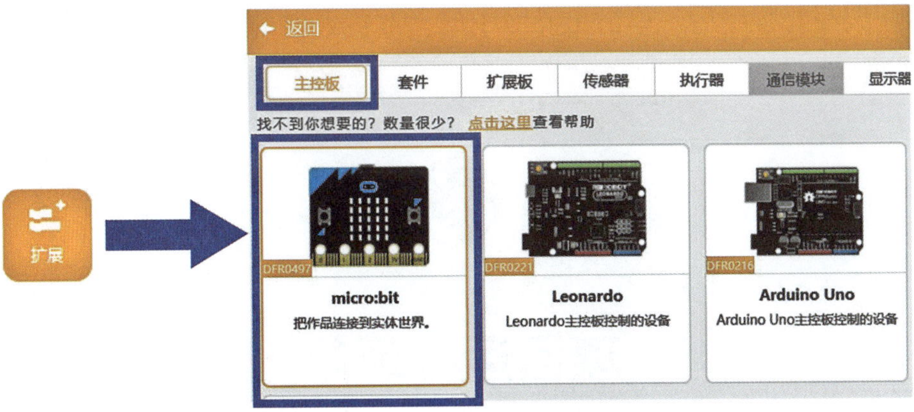

图 21-5　点击“扩展”并选择“micro:bit”主控板

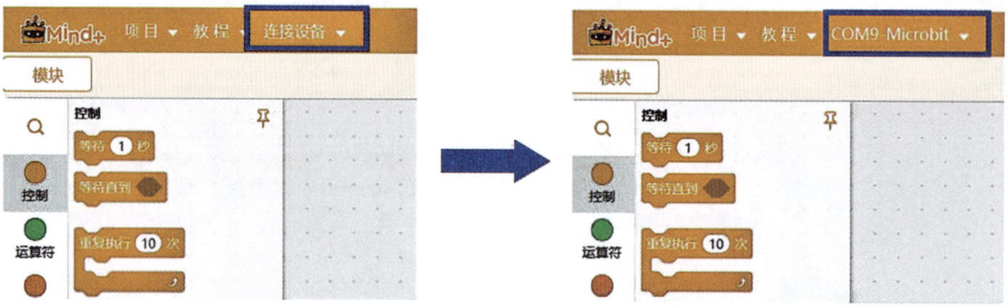

图 21-6　点击“连接设备”后变成“COM9-Microbit”

⑤ 编写项目的 Mind+ 程序，完整项目程序如图 21-7 所示。

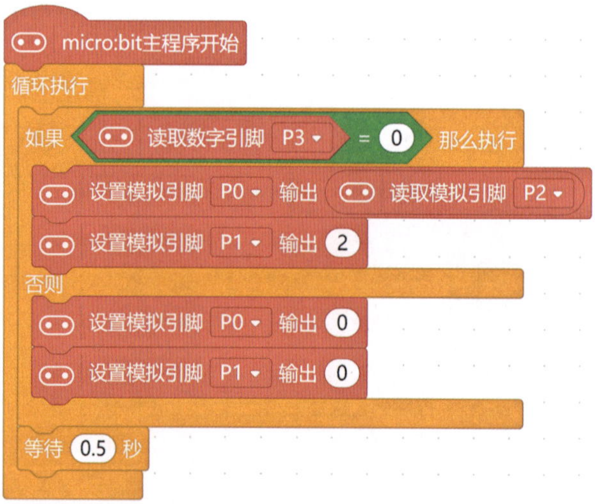

图 21-7　完整的项目 Mind+ 程序

⑥ 编写好程序后，单击主界面中的“上传到设备”按钮，将程序上传到 micro:bit 主控板上。

21.7 项目运行现象

首先调节红外避障传感器，具体步骤可参考第 17.8 节。

然后代码上传完成后，运行现象是：通电后，智能节能风扇进入工作状态，当用手模拟有人靠近红外避障传感器时，红外避障传感器检测到人的存在，此时控制电机转动，进而风扇转动，同时可以通过调节电位器来改变风扇的转速；当用手模拟人远离红外避障传感器时，风扇停止转动。整个项目实物图如图 21-8 所示。

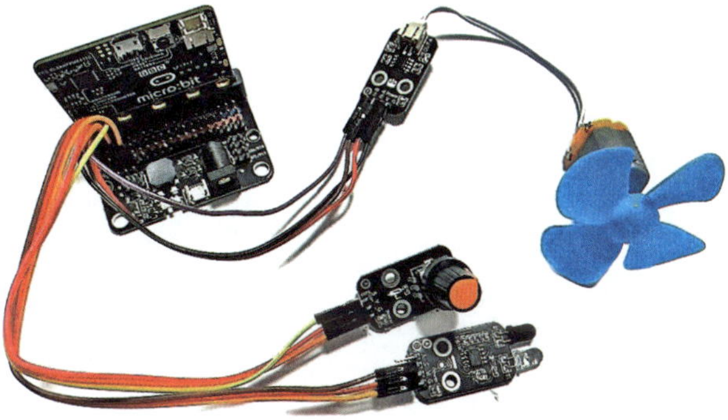

图 21-8　综合项目整体实物图

智能节能风扇
演示

第 22 章 综合项目二 智能倒车雷达

22.1 项目背景

汽车在为人们日常出行提供便利的同时，也会带来一些令人烦恼的问题，比如日常生活中，如果在停车的时候不知道身后的障碍物离我们还有多远，会给我们停车带来麻烦。

设计制作一个智能倒车雷达系统，可以解决汽车停车不方便的实际问题，减少停车过程中与障碍物的碰撞，实现“智能停车”效果。

22.2 项目任务

根据项目的背景和需求，设定本综合项目的任务：制作一个智能倒车雷达，模拟汽车倒车，遇到障碍物时，在数码管上实时显示与障碍物之间的距离（单位：厘米），当距离低于某一阈值（设定为 10 厘米）时，LED 灯闪烁、蜂鸣器发出“滴滴”的响声进行预警提示，模拟完成智能倒车的任务。

22.3 项目所需硬件

（1）1×micro:bit 主控板

（2）1×micro:bit 扩展板

（3）1× 超声波测距模块

（4）1× 四位数码管显示模块

（5）1×LED 灯电子积木

（6）1× 蜂鸣器电子积木

（7）1×micro USB 数据线

（8）若干彩色杜邦线（母对母）

22.4

项目硬件搭建

① 取出 micro:bit 主控板、扩展板、micro USB 数据线、超声波测距模块、四位数码管显示模块、蜂鸣器电子积木、LED 灯电子积木、杜邦线若干；根据第 13 章所述，micro:bit 主控板数字输入输出引脚是 P0 ～ P2、P8、P12、P16，因此这里采用的是 P0 和 P1 连接超声波测距模块控制引脚、P2 连接 LED 灯电子积木的控制引脚、P8 连接蜂鸣器电子积木控制引脚。

② 将超声波测距模块“VCC”引脚连到扩展板上任意“3V3”电源引脚；

③ 将超声波测距模块“GND”引脚连到扩展板上任意“G”引脚；

④ 将超声波测距模块“TRIG”引脚连到扩展板“P0”引脚；

⑤ 将超声波测距模块“ECHO”引脚连到扩展板“P1”引脚；

⑥ 将 LED 灯电子积木的“V”引脚连到扩展板上任意一个“3V3”电源引脚；

⑦ 将 LED 灯电子积木的“G”引脚连到扩展板上任意一个“G”引脚；

⑧ 将 LED 灯电子积木的“S”引脚连到扩展板“P2”引脚；

⑨ 将蜂鸣器电子积木的“V”引脚连到扩展板上任意一个“3V3”电源引脚；

⑩ 将蜂鸣器电子积木的“G”引脚连到扩展板上任意一个“G”引脚；

⑪ 将蜂鸣器电子积木的“S”引脚连到扩展板“P8”引脚；

⑫ 将四位数码管显示模块“VCC”引脚连到扩展板任意一个“3V3”电源引脚；

⑬ 将四位数码管显示模块“GND”引脚连到扩展板上任意一个“G”引脚；

⑭ 将四位数码管显示模块“SDA”引脚连到扩展板“SDA”引脚；

⑮ 将四位数码管显示模块“SCL”引脚连到扩展板“SCL”引脚；

⑯ 按照图 13-6 所示的连接实物图，将 micro:bit 主控板插到扩展板插槽中；

⑰ 将 micro USB 数据线一端（micro USB 口）连接到 micro:bit 主控板，

另一端（A 型 USB 口）连接到台式或者笔记本电脑的 USB 口上，准备编写程序。综合项目硬件搭建示意图如图 22-1 所示。

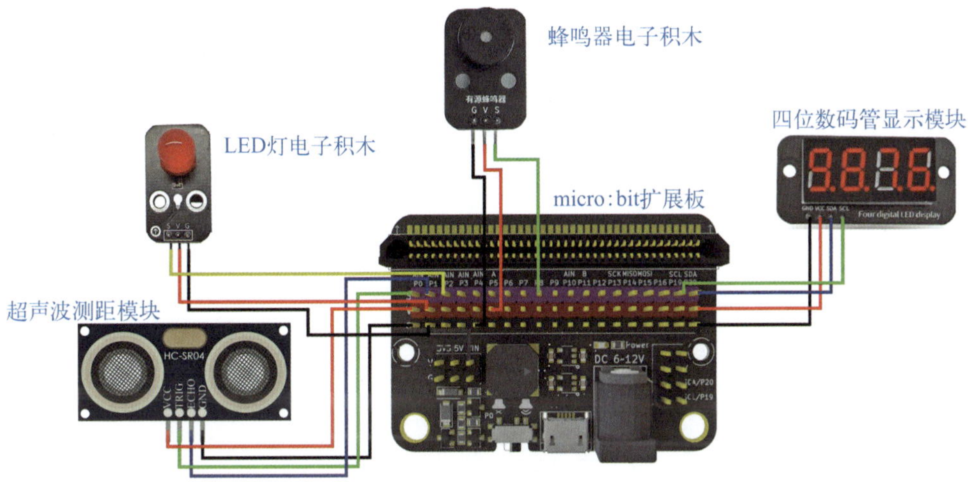

图 22-1　综合项目硬件搭建示意图

22.5 项目图形化编程

（1）软件流程图

本综合项目的软件编程逻辑为：模拟汽车在倒车遇到障碍物时，在数码管上实时显示与障碍物之间的距离（单位：厘米），当距离低于某一阈值（设定为 10 厘米）时，LED 灯闪烁、蜂鸣器发出“滴滴”的响声进行预警，模拟完成智能倒车的任务。其软件流程图如图 22-2 所示。

（2）Mind+ 图形化编程

本综合项目的 Mind+ 图形化程序如图 22-3 所示。

编写好程序后，单击主界面中的“上传到设备”按钮，将程序上传到 micro:bit 主控板上。

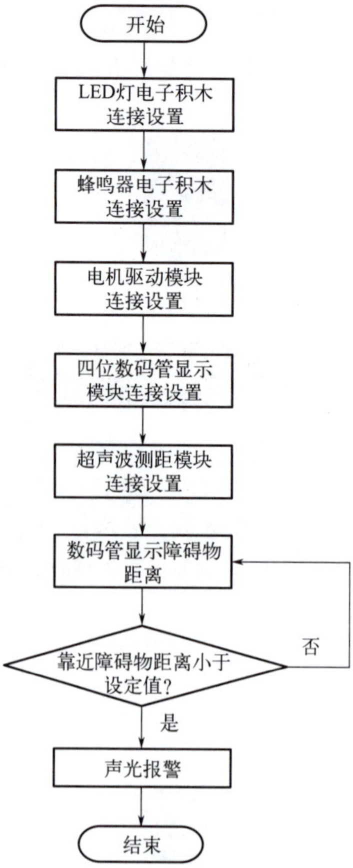

图 22-2 综合项目软件流程图

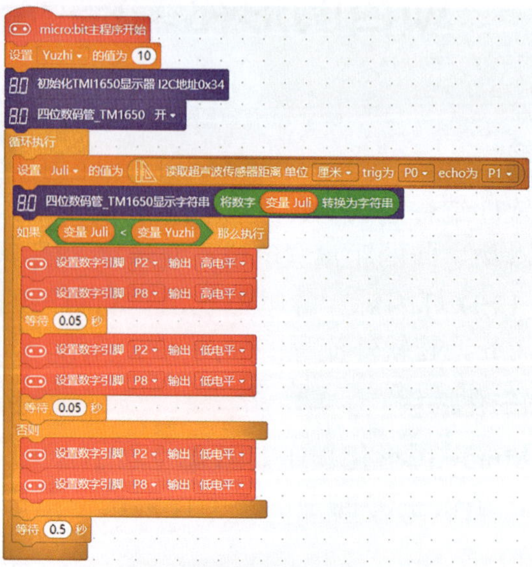

图 22-3 完整的项目 Mind+ 程序

22.6

项目运行现象

代码上传完成后，通电“智能倒车雷达”开始工作，四位数码管实时显示与障碍物的距离，当靠近障碍物小于 10 厘米时，LED 灯闪烁、蜂鸣器发声报警，此时四位数码管显示距离小于 10 厘米。整个综合项目的实物图如图 22-4 所示。

图 22-4　项目整体运行实物图

智能倒车雷达
演示